塔维斯托克诊所
了解你的
孩子

0—2岁宝宝想表达什么？

Understanding your baby
Understanding your one-year-old
Understanding your two-year-old

［英］Sophie Boswell，Sarah Gustavus Jones，Lisa Miller 著
林苑珊 译
林怡青 封 钢 审校

中国轻工业出版社

图书在版编目（CIP）数据

0—2 岁宝宝想表达什么? /（英）苏菲·博斯韦尔（Sophie Boswell）,（英）莎拉·古斯塔夫斯·琼斯（Sarah Gustavus Jones），（英）丽莎·米勒（Lisa Miller）著；林苑珊译．—北京：中国轻工业出版社，2019.6（2024.4 重印）

（塔维斯托克诊所·了解你的孩子）

ISBN 978-7-5184-2171-8

Ⅰ．①0…　Ⅱ．①苏…　②莎…　③丽…　④林…　Ⅲ．①婴幼儿心理学　Ⅳ．①B844.12

中国版本图书馆CIP数据核字（2018）第249989号

责任编辑：孙蔚雯　　责任终审：杜文勇
策划编辑：孙蔚雯　阎　兰　　责任校对：刘志颖　　责任监印：吴维斌

出版发行：中国轻工业出版社（北京鲁谷东街5号，邮编：100040）
印　　刷：三河市鑫金马印装有限公司
经　　销：各地新华书店
版　　次：2024年4月第1版第4次印刷
开　　本：880×1230　1/32　印张：9.625
字　　数：132千字
书　　号：ISBN 978-7-5184-2171-8　定价：58.00元
读者热线：010-65181109
发行电话：010-85119832　010-85119912
网　　址：http://www.chlip.com.cn　http://www.wqedu.com
电子信箱：1012305542@qq.com

240408Y2C104ZYW

推荐序一

成长与陪伴

林玉华

台湾辅仁大学医学院临床心理学系教授

塔维斯托克（Tavistock）诊所[1]自1920年成立以来，其发展深受精神分析的影响。将近一个世纪，塔维斯托克诊所以对于心理健康服务之推动以及训练心理治疗师的贡献享誉全球。目前，它已经成为英国最大的心理健康专业人员培训机构，为家庭医生、精神科医生、精神科社工、精神科护士、育婴工作者、教育心

[1] 第一次世界大战之后，神经科医生Hugh Crichton-Miller在维也纳心理学派的基础上，针对患震弹症和神经症的退伍军人研发出了一套心理治疗法。之后在Crichton-Miller医生的推动之下，于1920年催生了塔维斯托克医学心理学院（即目前的塔维斯托克诊所和培训中心），从此展开了对于一般民众的心理治疗服务以及针对心理治疗相关专业人员的训练。除了精神分析导向的心理治疗之外，塔维斯托克培训中心近50年来也陆续推出了短期动力导向心理治疗、系统家庭治疗以及团体治疗等多样化的心理治疗模式。至今，该中心每年会提供超过60种不同的培训课程，每年会培训出约1700名专业人员。塔维斯托克诊所直至今日仍是精神分析导向心理治疗师的培训重镇，其领军地位依然屹立不摇。

理师、临床心理师以及心理治疗师提供高质量的训练课程及学位学历。除此之外，塔维斯托克诊所也以其精湛的临床和咨询经验以及研究结果推出了系列丛书，借此增进心理相关专业人员对于各年龄层的个案在心理健康领域各个层面的理解与介入。“塔维斯托克诊所·了解你的孩子”系列丛书由一群在塔维斯托克诊所受训过的临床工作者或督导执笔[1]，他们根据自己的临床经验与反思，提出了对于婴幼儿的心智世界以及亲子关系的独到见解。

本书并未尝试为父母提供关于婴儿生理发育的知识或育婴法则，亦未试图针对幼儿的教育问题给予具体的建议。本书的作者们都曾受过精神分析或是精神分析导向心理治疗的训练，因此他们的反省主要在于陈述婴幼儿内心世界的发展，特别是一个人从胎儿、婴儿、幼儿到学龄期与主要照顾者之间所发展出的错综复杂的关系。例如，婴幼儿与父母之间的情绪经验，这些强烈的情绪经验如何彼此传递，以及这些情绪之间的相互作用如何影响婴幼儿内心世界的发展；随着婴儿的长大，当他们变得越来越独立，也越来越有自己的想法与主见时，父母所面临的情绪冲击与抉择，以及婴儿作为一个独立的个体，与父母之间的交错动力如何再度展开。

---

[1] 在“塔维斯托克诊所·了解你的孩子”系列丛书的作者群中，有半数以上的人曾经是我在塔维斯托克受训时的老师，能够再度赏阅他们年轻时的著作，甚是喜悦。其中，苏菲·博斯韦尔（Sophie Boswell）是我在受训时的同事，每当聆听她的个案报告，我总是为她优美的文笔赞叹不已，看到她也在作者群中，为她感到无比骄傲。

许多初为人母者可能对于正在孕育的以及即将诞生的婴儿怀有许多幻想与情绪。婴儿出生时的慌乱和可能随之而来的失落感，以及婴儿诞生之后的强烈情绪和必须立刻被满足的要求，可能都会使初为人母者感到惊愕与措手不及。当婴儿渐渐长大，父母也必须不断适应婴儿的变化、自己复杂的情绪变迁以及随之而来的层层挑战。有些父母会因为孩子的日渐独立而如释重负，并重新找回自己的立足点；有些则会发现随着婴儿的成长，自己处在难以忍受的失落中；另有一些父母则无视孩子的变化，而继续沉溺在彼此牵绊的情感依恋中。

20年前，我为了接受精神分析导向心理治疗的训练，开始进行婴儿观察，其中有一段婴儿刚满1岁时的情景以及母亲的对话，现在回忆起来仍然历历在目。我去观察的那一天，刚好看到婴儿开始学习扶着床边走路。母亲坐在地上满意地看着婴儿摇摇摆摆地从床沿的这一端往另一端走，走着走着，母亲突然开玩笑地对婴儿说："你真的要走啦？可是你忘了带尿布喔。"听到母亲的提醒，婴儿面无表情地扶着床沿往回走，这时我和那位母亲都会心地笑了。母亲将装有尿布的背包挂在婴儿的双肩上。婴儿背着背包又继续扶着床沿往另一端走。婴儿走到半路，母亲又提醒婴儿尚未带奶瓶。婴儿再次面无表情地扶着床沿往回走，母亲将奶瓶放入婴儿的背包中。婴儿背着装有生活用品的背包，再次展开他的旅程。这时，母亲脸上满意与骄傲的表情突然收敛了起来，带着感叹的语气跟我说："你看，他这样走着走着，有一天，他就会这样走出去，再也不需要我了！”这一幕描绘了母亲看着1岁的婴儿渐渐能掌控自己的四肢时的感受，虽然1岁的婴儿离变成一个独立自主的人还有一段不短的距离，但是看着婴儿渐渐能运用自己的四肢做自己想做的事，已经让一位母亲在心中揣摩着孩子独立之后的样子，以及自己在孩子独立之后的位置。

费来堡（Fraiberg）的经典文献《育婴室里的阴魂》（*Ghosts in the nursery*; Fraiberg, Adelson & Shapiro, 1975），阐述了在婴儿诞生时，父母未处理好的过去如何会再次像阴魂一样笼罩育婴室，影响着父母对于婴儿的想象与看法以及母婴的互动关系[1]。婴儿的情绪勾引出了父母的情绪，而父母自己的早期经验又反过来影响着他们对于婴儿情绪的解读与反应，如此反复，婴儿与父母之间错综复杂的情绪环环相扣，要找出这之间的系铃者已非易事，这个铃要怎么解，更是一门大学问。

“塔维斯托克诊所·了解你的孩子”系列丛书不一定可以给你提供所要的答案，但是一定可以帮助你了解自己和你的孩子。

1 Fraiberg, S., Adelson, E., & Shapiro, V. (1975). Ghosts in the nursery: A psychoanalytic approach to the problems of impaired infant-mother relationships. *Journal of American Academy of Child & Adolescent Psychiatry*, *14* (3), 387-422.

推荐序二

改变从理解开始

李松蔚

北京大学临床心理学博士

家庭咨询师，自媒体专栏作者

“从来就没有单纯的婴儿这回事。”温尼科特说。

这句话从本质上揭示了育儿的挑战和魅力所在。婴儿的一切行为、情感都是变化的、互动的，必须放到与养育者的关系中去理解。这就注定了一切机械论的、还原主义的尝试都行不通。想要理解他们的小脑瓜里千变万化的思想，予以恰当的应对，是一项高难度的挑战，充满了自我参照的不确定性。塔维斯托克的这套书出色地完成了这个挑战。

这套书可以帮助家长了解孩子内在的发展变化规律。理解了这些规律，父母心里有了底气，就会减少很多不必要的担心：为什么孩子总喜欢把东西按照固定的次序排列？为什么他不跟别的小朋友一起玩？他看动画片是不是太多了？为什么他总在分心，是否专注力不够？……如果缺乏相关的知识，就很容易引起父母的紧张，甚至是灾难化的想象：这会不会是某种疾病的早期征兆？会不会耽误孩子的未来发展？我应该做点什么，以便及时干预这些“问题”？

最近这些年，随着原生家庭这个说法的流行，年轻的父母对育儿这件事普遍感到紧张。社会舆论的压力也越来越大，几乎所有父母都在学习怎样为孩子做得更多、更好。一方面，人们愿意为孩子多花时间精力，这挺好。另一方面，时间精力如果没有花在点上，不但可能没效果，反而可能加重孩子的负担。有时，我们会听到一些夸张的“提前教育”——教幼儿园小朋友学习小学高年级的知识，所需的思维能力远远超出了小朋友的年龄认知水平，他不可能真正掌握，除了死记硬背，别无他法。如果看过这套书，就不会犯这种错误。

我们应该为孩子做他们真正需要的事，而不是我们自认为必要的事。

父母为孩子做什么、不做什么，毫无疑问会对孩子产生深远影响。从这个角度来说，这套书可以改变你们家庭的互动模式。有时候，父母沉浸在自己的一套理论中，认定孩子是疯狂的、野蛮的、不守规则的，甚至是充满破坏性的。带着这些理解，他们会对孩子的言行做出负面解读：“他为什么不写作业？一定是因为想偷懒。”甚至，“一定是为了故意气我。”之后他们就会以回应负面行为的方式处理：批判、打压、惩罚……

按照系统家庭治疗的理论，这些回应方式跟孩子形成了某种僵化的互动模式，反而导致了问题的维持。为了改变这种模式，系统家庭咨询师在咨询中经常问父母：“孩子这样做，有什么好的理由呢？”我们期待父母从孩子的行为中看到善意的、正向的动机。哪怕孩子真的做出了糟糕的行为，如果父母在教育他的同时能够以一种欣赏的眼光看待孩子在行为背后的诉求，他们之间的关系就会很不一样，孩子的行为也更容易改变。

但父母有时很难改变，他们站不到理解孩子的立场上：“理由？他就是个熊孩子。”

以后，我会建议他们读一读这套书。幸运的是，这是一套用善意写就的书，书里有很多“好的”理由，它帮我们认识到孩子是如何一天天长大的，他们的内在发生了何等奇妙的变化，他们是如何以符合心智水平的方式解决他们特有的问题的。没有指责，没有评价；只有深深的共情和理解。理解孩子的同时，也帮助家长理解自己——每个父母都可以在书里看到自己；你的孩子怎么样，就会导致你怎么样，你被激发出什么样的情绪，最终陷入怎么样的互动中……这套书会告诉你，这些过程是如何发生的。只要你了解了，就不会再被它左右。

常常有人问：“要怎么培养一个理想的孩子？”其实就像养花，重要的是认识它的内在规律。你嫌它长得慢，或者不是你要的样子；但你永远不能替它生长。你无法控制一朵花怎样长大，到什么时间开花。它有自己的节奏。我们能做的就是给它适宜的环境、光照和水分，然后就是等待。话虽如此，但等待的过程是煎熬的，而且充满自我怀疑。好在这套书可以告诉我们，这朵花正在怎样长大。这一点对所有“养花人”来说，都是有功德的。

前　　言

英国塔维斯托克诊所是一家在心理治疗师培训、临床心理健康工作以及研究和学术上取得了卓越成就的心理治疗中心，享誉世界。它成立于1920年，其发展历史本身就是一项具有开创性的工作。起初，塔维斯托克诊所的目标是希望其临床工作能够提供以研究为基础的治疗，以之进行心理健康问题的社会预防与处理，并且将新的技巧教给其他的专业人员。后来塔维斯托克诊所转向创伤治疗，以团体的方式了解意识和潜意识的历程，而且在发展心理学这个领域做出了重要贡献。它在围产期[1]的丧亲哀伤经验上所下的功夫，让医疗专业对死产经验有了进一步的了解，也发展出了新的支持方式去帮助丧亲的父母和家庭。20世纪五六十年代发展起来的系统心理治疗模式强调了亲子之间和

[1] 围产期，指的是围绕在新生儿出生前后的那段时间，包括生产前、生产中和生产后，通常指怀孕第七个月到新生儿出生后第一周的这段时间。——译者注

家庭内的互动，现在已成为塔维斯托克诊所在家庭治疗的训练和研究中所采用的主要理论和治疗技巧。

本系列丛书在塔维斯托克诊所的历史中占有一席之地。它曾以完全不同的面貌出版过3次，分别是在20世纪60年代、20世纪90年代和2004年。每次出版，作者都会用他们在临床工作和专业训练中观察和经历过的故事来描绘“正常的发展”。当然，社会一直在改变，因此，本系列丛书也一直在修订，期望使不断成长的孩子和父母、照顾者以及广阔的外在世界之间的日常互动呈现出应有的意义。在变动的大环境之下，有些东西还是不变的，那就是以持续不断的热情，专注观察孩子在每个成长阶段的强烈感受和情绪。

在本书的第一部分，苏菲·博斯韦尔（Sophie Boswell）会带着大家思索“母婴关系”是如何发展起来的，以及这样的关系如何逐渐向着一个体恤的方向发展；但作者也真实地面对了来自这一关系中的“愤怒”情绪，以及存在于这一关系中的正常的强大挫折感。那些被作者网罗进来的例子将会让同样经历过类似愤怒与沮丧情绪的读者产生共鸣。

在本书的第二部分，莎拉·古斯塔夫斯·琼斯（Sarah Gustavus Jones）探讨的是宝宝在出生后的第二年从新生儿到学步儿的转变。文中所描述的故事展示了个体的成长与发展是相当复杂的过程。在眼前这个意气风发的学步儿身上，还遗留着不久之前的那个婴孩的身影，而这个过程对1岁宝宝和父母来说都是相当辛苦的。父母所面对的是脆弱的、带着稚气脸庞和心中不安的1岁宝宝？还是迈着坚定步伐、坚持主见、拥有自信、能够良好沟通的1岁宝宝？在第二部分，作者将指导读者如何面对这两种宝宝，并且从成长的角度（也就是能够忍受并理解过去的事件和情绪所代表的意义）提供了建议。

第三部分的作者丽莎·米勒（Lisa Miller）发现，2岁宝宝其实还很幼小。的确，2岁的宝宝如果没有大人的协助是很难存活的。但是，千万别忘了本书前两部分提到的宝宝在出生后的前两年所积累的丰富经验，包括复杂的情绪起伏。丽莎以敏锐而自信的方式，从成长的角度描述了这个充满情绪与快乐的阶段。丽莎秉持了本系列的一贯风格，从未逃避讨论各种关系中难以避免会遇到的愤怒，以及在孩子成长过程中遇到挫折时所产生的负面情绪。她在本书中忠实地呈现了人生的原貌，而非采取远距离和浪漫的角度，或刻意避开讨论那些冲突的议题。

乔纳森·布拉德利（Jonathan Bradley）

儿童心理治疗师

“塔维斯托克诊所·了解你的孩子”系列总编

目　　录

第二部分　充满好奇的小东西：1岁宝宝 / 109

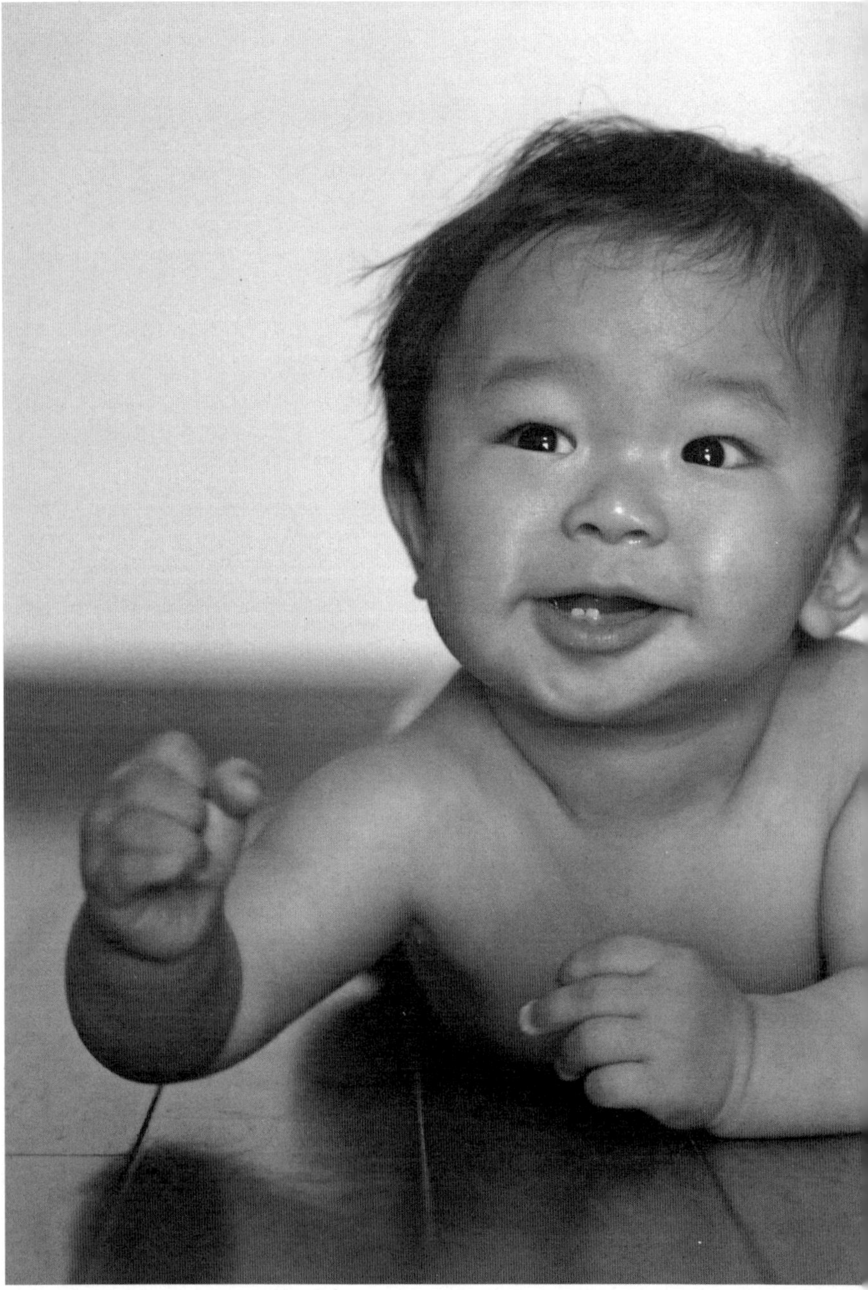

——第一部分——

天使般的小宝贝

0—12个月的宝宝

苏菲·博斯韦尔（Sophie Boswell）

引言

本部分将带领读者一窥婴儿从出生到1岁的这段时间里的内心世界。本书不以直接给出任何建议为目标，而是希望提供一种不同的架构来帮助读者了解宝宝的感受和行为，并提供了亲子间相处的实际例子给读者作为参考。

本书的一个核心信念是，我们无法单独把宝宝抽离出来进行个别了解。宝宝出生后，就和负责照顾他的人发展出了相当复杂的关系，只有通过宝宝传达给身边大人的强烈感受以及他想要得到的回应，我们才有办法对宝宝的内心世界有更深入和更全面的了解。每个宝宝从呱呱坠地那一刻起，内心就有相当强烈的情绪，他们各有强烈的感受和独特的个性，可能在有意无意中影响父母和照顾者的情绪，同时也会受到这些人的影响。父母的背景、态度、心态和潜意识的感觉都会在宝宝认识人生和世界时产生极大的影响。

很重要的一点是，父母和宝宝之间的关系就跟其他任何关系一样，有好也有坏。有时，父母似乎很了解自己的宝宝，但有时又错得离谱。当父母犯错时，事情并不会就此无法挽救。对父母和宝宝来说，在困境和误解中修复关系是增进对彼此的了解与关爱的重要一环。

初为人父或人母是相当奇妙的，同时也会为生活带来巨大的改变。本部分的重点更倾向于放在头一胎宝宝的身上。每个宝宝都是充满魅力的，拥有各自与生俱来的需求和个性，父母必须从一开始就不断地探索与适应这些。

很显然，新生儿出生时的家庭环境是多种多样的，但本书篇幅有限，无法对每一个家庭遇到的具体问题进行一一探讨。本部分假设主要照顾宝宝的人是妈妈，但所探讨的主题同样也可以运用在爸爸或任何照顾宝宝的人身上。

第一章

怀孕、生产和产后头几天

从怀孕的忧喜参半，到分娩时是选择剖腹产还是顺产，再到宝宝出生的那一刻，急忙询问医生，宝宝是否健康。

还有刚当上父母时的手忙脚乱，不知究竟发生了什么时的无助，宝宝的哭声代表的是肚子饿了、尿布湿了、生病不舒服、累了，还是“妈妈！我只是在练肺活量！”

“我的宝宝是猫头鹰吗？为什么晚上都不睡觉呢？”

“听说喂母乳的孩子长得壮，但是我的奶量不足，怎么办？”

各种问题在本章中都可以得到中肯客观的解答。

一旦升级为父母，我们总希望尽可能满足小宝宝的各种需求，逗他们开心。从知道怀孕的那一天起，我们就想尽力为宝宝打造一个尽善尽美的环境，保护他们不经历人生中乱七八糟的、痛苦的事情。很多父母都认为，只要从怀孕的那一天起尽量把每件事都做到“100分”，包括在孕期时保持健康的饮食习惯(或是保持平和的心情，听古典音乐)，生产时采取自然的生产方式，产后保持平静和愉悦的心情，用充满爱意的肌肤接触及双臂来拥抱宝宝，就能为“亲子纽带”奠定良好的基础，让宝宝的人生拥有最美好的开始。

当然，有这样的理想和目标并没有错，但是父母们也会担心，一旦没有达到这个标准，就会让宝宝或自己失望。亲子纽带有很多种形式，不见得只在顺遂的时候才能建立。准妈妈在怀孕、生产和产后都会碰到正面和负面的情绪，痛苦和喜悦，沮丧、焦虑和无与伦比的喜乐。宝宝在出生以后也会发现自己和其他宝宝一样，摇摆在两种极端的情绪之间。亲子纽带的发展过程就跟其他深厚关系的发展一样，需要与彼此分享快乐的时光，也要一起经历痛苦，寻找恢复的方式。

老公，验孕棒出现了两条线！

计划中的怀孕会带来无比的喜悦、兴奋和骄傲。有时候，在没怀孕之前所遭遇的困难反而会使父母在顺利怀孕后更有成就感。比如，凯特就描述了她怀第一胎的过程，这一经验就算在多年以后，也仍然在她和宝宝的生命中扮演着相当重要的角色：

> 我怀孕之前曾经有过两次小产，因此当时很担心自己的状况。其实那时我对能否顺利怀孕和生产已不抱太大希望了。但是当我确定终于可以保住胎儿时，我非常感谢宝宝，就算在他出生以后，这种感觉也依然存在。我还记得自己在他刚出生的那几天的感觉。那时，他喝着奶，喝完以后会对我微笑。奇怪的是，就算他现在已经长大成人，我对他的感激之情仍然存在。

那些经历过流产、求助过人工受孕或是经历不孕的父母，对尚未出生的宝宝通常会有相当强烈的爱和感激之情。至于那些可以顺利怀孕的父母，也经常觉得宝宝就像是上天送给他们的礼物，这种感觉会使他们更爱宝宝，对他更温柔。

但是在刚怀孕的前几周，父母对于宝宝健康状况的忧虑会达到顶峰。当妈妈因为孕吐和身体不适而筋疲力尽、感觉只剩半条命时，要对即将成为家庭一分子的新成员充满幻想是很困难的。就算是那些渴望怀孕多年的妈妈，也难免会有难过、沮丧或是出现负面情绪的时候。新生儿的需求将是永无止境的，因此常常会影响妈妈原来的生活。宝宝在妈妈的子宫里似乎很开心，有足够的养分和充分的照顾，但是这时的父母在某方面的权益可能因此受到了剥夺，他们可能感到疲惫，得不到支持，筋疲力尽，心中充满忧虑，感到脆弱，好像永远无法善尽父母的职责。

准爸爸妈妈要知道，有这种感觉是很正常的，它们偶尔会在产前或产后出现。就算在怀孕过程中或是宝宝刚出生的头几周，父母也和其他时候一样，需要别人的安慰和支持。同时，父母也得调适心情，知道在可预见的未来，夫妻都会因为宝宝而忙得焦头烂额，未来将充满挑战。

幸运的是，大部分女人在怀孕时都会经历一段精力旺盛的时期，觉得自己的状况恢复了，且从超声波中看到了宝宝充满活力地成长着，吸吮着手指，甚至会挥手表示他很好。一股骄傲和兴奋之情油然而生，因为这些证据都说明宝宝正在健康成长。父母在这个阶段多少都会和宝宝说话，相信他就像是一个真实存在的人一般，并且享受着认为自己已孕育出了一个好孩子的感觉。

贴心小叮咛

怀孕的过程不全然充满喜悦，有时会出现负面情绪。别担心，那是正常的。

妈妈和宝宝，宫外宫内两样情

现在，让我们来看看宝宝的情况。通常，人们都会认为宝宝在妈妈子宫里的生活相当诗情画意，既没有挫折，也不会有无法满足的需求，只有平安和平静。妈妈内脏蠕动所发出的闷闷又轻柔的声音、有节奏又令人安心的心跳声、昏暗的光线、唾手可得的食物……可以说，宝宝在子宫里不需要担心肚子饿，同时又有羊水包围，因此相当安全。难怪准妈妈在最不舒服的状况中会带点嫉妒和愤愤不平的情绪，因为她们体重骤增，难以入眠，身体不适，筋疲力尽，经常肚子饿。

在怀孕后期，我们都以为宝宝跟妈妈一样，在子宫里会越来越不舒服，但是无论宝宝在子宫里的生活如何，有件事是可以确定的，这个未出生的宝宝已经适应了属于他的小小天地。对他而言，子宫就是全世界。因此，当他身不由己地到了出生的那一刻，他所感受到的冲击是相当大的，他的小小天地刹那间完全变了样，变得他都认不出来又再也回不去了——取而代之的是一个完全不一样的世界。

产房如战场，你准备好了吗？

生产方式一直是大家相当重视的议题。或许，生产是妈妈第一次和宝宝分离，同时也是最戏剧性的过程。虽然大部分的父母都会数着日子盼宝宝出生，但是当宝宝脱离妈妈的那一刻到来时，还是会引起妈妈各式各样的焦虑。对生产方式的不同看法（是否使用止痛药，是剖腹产还是顺产，是在家生产还是到医院生产）会让人对整个生产过程产生截然不同的幻想。

有些准父母会把他们的恐惧投射到医护人员身上，对医生产生敌意，认为他们的存在会破坏甚至威胁其想要拥有的满足感。有些妈妈则比较担心自身的安危，身体上的疼痛以及妈妈生产时可能面对的风险都让她们害怕万分，因此会非常乐意依赖经验丰富的医护人员，帮助他们安然度过这个过程。有些父母则会拟妥详细的生产计划，参加准妈妈课堂，希望能够多拥有些主导权，至少感觉安心些。

但是无论准备得多么妥当，父母都会发现，无论是在生产过程中还是在产后和新生儿在一起时，他们仍然得面对全然未知和无法预知的情况。生产经验在最深的层面挑战

贴心小叮咛

最让你安心的方式就是最好的生产方式。

着许多人关于自己的假设。父母实在无法预期自己会有什么感受或反应，只能努力接受一个事实，即宝宝和他们都进入了人生当中最具挑战性的转折期，父母只能走一步看一步，明白自己和宝宝都需要足够的时间和空间来发现属于自己的方向。

宝贝，你终于出来了

初为父母，内心五味杂陈

宝宝刚诞生的头几天会为父母带来相当强烈又直接的感受。头一回当妈妈的苏珊回想起儿子诞生时的情形：

> 我终于做完了剖腹产，等着医生将伤口缝合，把宝宝清理干净，替他检查身体。但是抱宝宝使我的伤口疼到流泪，我不知道是因为感觉解脱了，还是因为我无法再多等待一秒，我只想赶快把宝宝抱在怀里。我心里一直在想，这是我的孩子，不是你们的！当我终于把他抱在怀里时，我们已经回到恢复室了。医生们都在一旁微笑，因为宝宝正在吸吮自己的手指，准备喝奶了。抱着他的那种感觉真的很好，我激动得不禁全身颤抖起来，不停地哭泣，情绪完全失控。

许多父母在生产过程中都会觉得自己好像丧失了自我一样，一切似乎都停摆了，平常的经历和生孩子这件大事比起来，似乎变得毫无意义。但是时间仍然一分一秒地流逝，世界仍在继续运转。父母通常会感到很激动和意外，不确定自己身在何方，甚至不确定自己是谁。通常就是在这种情况下，妈妈和宝宝有了第一次的接触，而后者此时也处于彻底迷失的状态中，完全不知道自己是谁，身在何处，或是发生了什么事。这是多么不同寻常的时刻！或许就是在这种状态下——比任何时候都无所适从的时刻——我们才能最深切地了解宝宝的感受。经历了这些初始的体验，在一阵混乱和丧失自我之后，父母和宝宝终于开始以崭新的方式发现自我，认识对方了。

宝宝哭是一种情绪的表达

我们不禁会去想象宝宝是否会在生产过程中把自己与外界隔绝，这样他就不会感受到拉力、吸力、扭曲的力量，甚至是压迫的痛楚，以及离开熟悉的环境和突然间一切全都改变了所带来的恐惧。经过这一番折腾以后，宝宝发现自己已经身处一个截然不同的世界了。

父母或许会体验到在生产过程中的情绪失控，但是要了解宝宝感觉有多失控是很难的。离开子宫温暖而充满羊水的环境，宝宝面对的是一个无穷尽的广大空间，再也没有任何防护可以支撑他，取而代之的是冷冰冰的空旷空间，充满新鲜的色彩和不断变换的景象，更不用说他自己未曾体验过的一些身体感官。现在的他要用肺呼吸，听到的声音再也不会模糊不清，他或许还听到了自己的哭声，对于地心引力所产生的力量感到讶异，此外还有肚子饿的感觉。大部分的宝宝都能够马上把所感受到的冲击表达出来，一旦可以开始用肺部呼吸，他们马上会哭得稀里哗啦。但是，也有一些宝宝需要花更多的时间来表达情绪，或许他们感到有点困惑或是想睡觉，因此还没有准备好迎接崭新的一切。

包巾能够给予宝宝安全感

大部分人都注意到了，新生儿比较容易从熟悉的事物中获得慰藉。因此，父母都会尽量给他提供和在子宫里的生活类似的环境，包括用包巾把他包起来，使他有安全感，让他保暖，使他尽量听到在子宫里就很熟悉的父母的声音，当然还包括肚子一饿就马上给他喂奶。

新生儿的内心也需要细心的呵护和照顾，就好像他们无法面对内心的混乱一样。妈妈通常会很自然地或是不由自主地安抚宝宝，来减轻他内心的沮丧。虽然妈妈无法理解宝宝的想法，不知道要怎么办，但是她对于宝宝的全然专注以及强烈的母爱其实就是宝宝所需要的一部分——知道自己在这个世界中没那么孤单，没那么格格不入。

生产顺利和往后良好的亲子关系是否有关?

就算在这个阶段，许多父母还是战战兢兢，想要知道每件事情的正确做法，生怕“一不小心”就会对无辜的宝宝造成伤害。早期的亲子纽带可以说是其中最令人感动的，许多理论都强调产后马上和宝宝建立纽带的重要性，因此父母似乎也开始感觉宝宝未来的幸福和出生的头几小时息息相关。

许多父母很害怕生产过程中的一些“干扰”会对刚出生的宝宝产生不良影响，毕竟那是他们人生中最重要的头几小时。譬如在生产过程中使用过多的药物导致宝宝呈昏迷状态；母亲无法立即哺育母乳；产程创伤导致母亲患产后抑郁症；由于紧急状况所采取的剖腹产手术，尤其是采用了全身麻醉的手术，使宝宝承受了产后分离的创伤，进而破坏了母婴之间建立纽带的过程。有时候，爸爸或妈妈会因为迎接宝宝诞生的一些感觉和原先预期的有所不同而感到相当意外和忧虑。敌意、恐惧甚至是冷漠等情绪都令他们相当讶异，生怕自己和宝宝之间的关系永远无法修复。

但是，父母们和宝宝间的“纽带”会因为彼此步调的不同而呈现出不同的面貌，有些宝宝出生后几小时就比别的宝宝更为愉悦，这会让他们的父母更快地放松下来，做好准备享受天伦之乐。但是如果就此认定生产顺利就意味着会成功建立“亲子纽带”，就大错特错了。无论采取哪种生产方式，在宝宝刚出生的头几小时，父母可能还是会感觉难以应付或是不现实。妈妈可能想哭、筋疲力尽或是有点茫然，宝宝则可能彻夜放声大哭、昏昏欲睡或是没有什么特别的反应。许多父母会发现，如果事情没有照着他们所预期的方向发展，就会令人感到相当沮丧，有些父母甚至会感到悲伤、愤怒或是懊悔不已。

此外，父亲本身也得面对很多问题，通常大家都会低估或小看父亲在生产过程中扮演的角色。的确，虽然父亲不需要承受肉体上的痛苦，但是在那紧张而又情绪激动的时刻，他既要给予太太支持，又要表现出坚强的样子，实在是非常不容易了。他可能会被父亲这一角色吓到，尤其是如果目睹了另一半所经历的痛苦的生产过程，他可能会承受很大的压力，因为他既担心另一半，又担心尚未出生的宝宝的安危。

贴心小叮咛

每个人都有成为好爸爸、好妈妈的潜力。

帮助宝宝适应新环境是建立亲子关系的第一步

生产过程对于参与其中的每个人来说都是一个艰辛的挑战，因此可能要经过一段时间才有办法恢复。刚刚经历过生产的父母都可以通过和贴心的亲友分享生产过程的各种细节来舒缓压力和所经历的痛苦。但是对某些父母来说，难产的经历可能会激起一些深层次问题，使他们的内心更为脆弱。但其实，在产后的最初几小时内，没有什么是不可改变的。就算产程不是很顺利，母亲也可以迅速恢复体力，并帮助宝宝适应新环境。这一过程就是建立“亲子纽带”的重要基础。

一位产妇在经过了28小时漫长的生产后，还是接受了全身麻醉并进行了剖腹产。当她的助产士术后去看这对初为人父人母的小两口的状况时，她看到这位母亲因为马拉松一样的生产过程而筋疲力尽地躺在病床上睡着了。而在整个过程中陪伴在侧并给予妻子支持的丈夫则坐在病床边的椅子上，怀里抱着刚出生的女儿——也都很快就睡着了。这就是这个家庭初建立的“纽带”，一起享受着经过千辛万苦、好不容易才得来的休息时光。

生产是亲子间共同经历的第一次强烈的情绪体验。无论过程多么艰辛，他们都可以从中恢复。无论是所经历的愉快的在家分娩、漫长痛苦的产程、需要紧急医疗干预的惨痛经历、自愿选择的剖腹生产，还是快速顺利的产程，大家都有足够的机会成为好妈妈、好爸爸，和宝宝建立亲子纽带，好好地呵护他们长大。

从吃、喝、拉、撒、睡来认识宝宝的人格特质

每个宝宝都有不同的人格特质，有些宝宝一生下来就饥渴万分，不停地吃喝，一有机会就努力喝奶。有些宝宝则显得比较疲

累，这可能是因为他们不太确定在离开妈妈的子宫后，是否能够马上适应外面的生活。有些宝宝则拼命争取他们想要的东西，一旦食物没有马上送到嘴边，就会显得非常焦虑，害怕自己无法获得温饱。有些宝宝比较容易安抚，在期待落空之前，懂得先忍耐一下。通常，早产的宝宝发展的步调似乎比较慢，好像还没准备好面对这个世界，因此在出生后的头几天，他们大部分的时间都在睡觉。在面对突如其来的新刺激时，他们似乎比其他婴儿需要更多的呵护。

新手父母要面对的挑战

在大家的引颈期盼下，宝宝终于出生了，大部分的新手父母都无法把视线从宝宝身上挪开，会全神贯注地注意他的一举一动，觉得他的举手投足都充满了奇迹和惊喜。新生儿所带来的惊喜是无止境的，同时他们也会时常做出很多令人意想不到的举动。新手父母会渐渐适应面对各种新状况时的手足无措，亲友们也会给予许多宝贵的意见、忠告，并投以羡慕的眼光。升格成为父母虽然令人兴奋不已，但这种亢奋和激动情绪也会把他们裹进脱离现实的、过于美化的泡泡。

贴心小叮咛

不要要求自己成为100分的父母。

有时候，新手父母会有压力，好像一定得向世人证明自己有能力轻松又愉快地胜任新手父母的角色。事实上，他们可能对很多事情还摸不着头绪，既情绪化，又无能为力。有些新手妈妈觉得待在医院会令她们感到不安，病房令她们感觉害怕和缺乏安全感，也因此会更想要努力做到符合外界期待的标准（这种想法不只是自己给自己的压力，有时也是来自外界的压力）。不过，也有些新手妈妈会认为在医院可以获得较多的协助，反而会有点害怕出院回家，因为一回家就没有专业医护人员的协助了。

生产过程和宝宝刚刚诞生的头几天可能都比许多新手父母预期的更为混乱，无论是在身体上和还是在情绪上。父母得调适自己的心情来面对完全不同的生活方式和筋疲力尽的状态。这些情况难免会造成夫妻关系的紧张和摩擦。在某些阶段，大部分的新手父母似乎除了在享受新生儿诞生的喜悦外，心中难免有点不太踏实和害怕，但这并不代表他们是失败的父母。事实上，只要父母一起坚持下去，认清自己的情绪，坦然面对生疏的感觉，还是可以从容地面对宝宝的情绪起伏的。

许多新手妈妈很想给人一种“能轻松驾驭”的形象，但这注定是一场失败的战役。如果新手妈妈容许自己扮演新手的角色，同时也让宝宝慢慢去学习，一切反而会更加轻松自在。新手妈妈如果需要，也可以依赖其他人的协助，接受自己有时会觉得很悲惨的事实。同时，要对自己和宝宝的不完美有耐心。要想扮演理想中的母亲角色，可以从做好妈妈的首要任务开始——渐渐了解宝宝，尽可能敞开心扉去理解宝宝想要表达的东西，同时在这样的过程中尽量忠于自己的感受。

贴心小叮咛

妈妈的首要任务就是了解宝宝。

哺乳大作战

看到刚出生的宝宝喝奶——无论是母乳还是配方奶粉——都会令人感到安心，甚至有种奇妙的感觉。宝宝肚子饿的时候如果能够马上紧含着妈妈的乳头或是奶瓶不放，就表示妈妈知道该如何哺乳了。但是比较退缩或是爱困的宝宝需要数小时的鼓励和安抚。新手父母在产后可能已经筋疲力尽，全身无力了，却还得哺育对喝奶不太有兴趣的宝宝，这对他们来说可能是巨大的压力。父母或许会以为，生产时宝宝命悬一线的那一刻是最让人崩溃的，没想到在哺育新生儿时，也会有同样极端的感受。

是喂配方奶粉好？还是母乳好？

大部分的妈妈都设想好了自己要用哪种方式哺育宝宝。但就像是再周密的生产计划一旦碰上现实，也有可能无用武之地一样，能否成功喂奶的问题更感性，有时是无法掌控和想象的。

有时候，当妈妈看到宝宝一出生就知道自己该做什么时，会感到惊讶不已。宝宝在出生的第一天就懂得抓住妈妈的乳房并使劲吸奶，会使得妈妈更有信心继续哺育母乳。但是也有一些以为自己可以快乐哺乳的妈妈发现情况比想象的复杂，这会让她们惊讶不已，往往又无从解释清楚。当遇到乳头内陷或是乳头疼痛、宝宝不肯吸奶或是体重没有增加等问题时，需要很大的毅力和体力继续坚持，直到喂奶变成一种愉悦的享受，而不是充满压力的苦差事为止。某些妈妈确实会对喂奶这件事感到相当失望，这也给她们的心灵造成了创伤，甚至让她们开始怀疑自己到底是不是称职的母亲。

有些妈妈虽然开始喂母乳了，却一直担心自己奶水不够。她们总会问自己奶水够不够？是否可以满足似乎永远吃不饱的宝宝？就算宝宝体重增加，一切也都还算正常，这些焦虑还是会不时地影响到哺乳的情况。

母乳喂养是一件相当感性的事，就像生产过程一样，会激起母亲关于何种做法才“正常”的强烈感觉。这会使本来就处在摸索期的母亲和孩子都备感压力。想要用配方奶哺育宝宝的妈妈也会因为害怕让宝宝失望而违背自己的本来想法，尽量继续喂养母乳。同样，有些妈妈可能会因为头几次无法顺利提供母乳，只好改用配方奶粉代替，不再给自己机会来让喂养母乳成为比较愉快的事情。或许，倾听自己和宝宝的心声，找出最适合彼此的方式，不要背负过多的价值观和判断，会使事情变得简单一些。

千万别忘了，宝宝也是喂奶过程的一部分，他们也有权利做决定。那些享受母乳喂养的乐趣的妈妈们或许可以说服那些充满疑问的妈妈，让她们知道这一切都是值得的。当宝宝犹豫不决，或是对喝母乳不太感兴趣时，原本态度就“摇摆不定”的妈妈们可能会就此放弃。母子间紧密交织的关系往往也意味着在情感上二者是不分你我的，也分不清焦虑和欢喜从何而来，又从何而终。

哺育母乳的时候对于母子都是无比宝贵的时光，使他们可以享受无间的亲密和欢愉。但是如果无法顺利哺育母乳，也并不代表会剥夺母子间的亲密关系，其实用配方奶粉哺育宝宝也能够让母子拥有美好时光。当然，每位妈妈和宝宝都可以找到适合自己的哺乳方式，传达对彼此的爱和关怀。哺育母乳也有可能使母子双方都感到焦虑或是不满足，但是如果第一次哺育母乳就很愉悦，情况就会变得大大不同。对宝宝来说，最重要的就是喝奶应该是一件相当快乐的事情，无论是提供奶水的妈妈还是喝奶的宝宝都应该非常快乐。不管宝宝是喝母乳还是喝配方奶粉，比较放松的妈妈通常都会比备感压力以及身体不适的妈妈更让宝宝安心。

贴心小叮咛

不管是用母乳喂养宝宝，还是给宝宝喝配方奶粉，比较放松的妈妈通常都会比承受着压力和身体不适的妈妈更能让宝宝感到安心。

父母的情绪容易被宝宝的一举一动牵着走

当你能坐在宝宝身边连续好几小时深情款款地望着他，赞叹这件完美的作品时，任何不寻常的信号都会突然隐约地被放大，原本就担心宝宝是否可以顺利成长的恐惧又突然涌上心头。判断什么是正常情况，什么时候需要外界协助是相当困难的一件事，或许这是因为宝宝在身体或心理感觉不对劲时会变得恐惧不安，父母此时一定会被宝宝的情绪牵着鼻子走。

路易丝分享了她初次遭遇这种疑惑的经验。那时，她的女儿才3天大。

安妮哭得很惨，好像真的有什么东西弄疼她了，后来我们注意到她拉肚子拉得相当严重，我觉得她的情况一定很严重，我开始恐慌，无法思考，心跳加速，以为她就快死了。我无法形容当时有多么害怕，根本无法思考她到底发生了什么事。

很多父母在宝宝突然变得很脆弱时都有过类似的体验，他们一心希望自己的宝宝平安无事。就算宝宝睡觉的时间比平常久了一些，父母也会冲到床边看看他是否仍在正常呼吸。当然，可怕的事情的确时有发生，宝宝可能会突然生重病，但是在大部分的情况下，让父母担忧不已的事其实对宝宝并没有太大的影响，父母也可以马上恢复理性，发现宝宝又跟往常一样的健康，可以安然无虞地生活和

贴心小叮咛

宝宝没有想象中脆弱。

成长。在宝宝刚出生的头几年，这种突然的情绪变化很典型，向我们呈现出新生儿从出生就伴随着的原始的、极端的情绪。

从错误中学习是新手父母必经的过程

在人际关系中大概再没有哪种关系会像亲子关系这样，让自己如此在意所做的一切是否正确。这或许和宝宝的无助与脆弱有关，使得照顾者深深感觉做正确的事无比重要。看着哭闹不安或是焦虑不已的宝宝却束手无策，的确是相当令人难以忍受的。很多人可能无法接受父母（无论多么能干）居然还会做错事。此外，其实宝宝在刚出生时是可以容忍某种程度的误解和错误的。要了解宝宝的需要以及自己的能力范围是需要时间的。

有时候，我们很需要其他人的帮忙、支持和建议。举例来说，对于新手父母来说，一眼就能判断宝宝只是因为疲惫而不是因为没吃饱或是有什么问题而哭，是相当不容易的。常常，第三方可以告诉新手父母如何分辨其间简单又令人难以捉摸的不同。这或许可以使新手父母摆脱疲惫的新生儿所带来的在所难免的挫折感，有时就算理解了宝宝的感受也很难安抚他们。

有时候，新手父母也需要一些空间来处理自己的事情，从错误中学习。特别是在宝宝刚出生的那几天，父母要了解和新生儿的互动情况，习惯自己升格为人父人母后的新角色，方不会因为热心的亲友们提供的各种知识和建议而备感压力。父母要学习适应有了小宝宝的生活，并且认识到亲子关系和新的家庭生活不可

贴心小叮咛

了解宝宝的需要以及自己的能力范围是需要时间的。

能一帆风顺或完美无缺。父母有可能对自己非常挑剔或是有相当高的要求，但是如果要接受自己和宝宝的话，就需要花时间相处、互相了解，共同踏上这段漫长、复杂又充满惊奇的旅程。

第二章

宝宝出生后的前6周

这一阶段既兴奋又辛苦，首先面临的问题就是宝宝的生活日夜颠倒，新手爸妈该不该调整宝宝的作息？又该如何调整呢？

宝宝的一颦一笑、喜怒哀乐都牵动着父母的心，父母该被孩子牵着鼻子走吗？

产后抑郁是很多妈妈的噩梦，该如何判定？又该如何应对？

以上种种问题都发生在这段日子里，只要度过了这段艰难的日子，父母和宝宝就都可以松一口气了。

坐月子期间的身心照护

对大部分的父母来说(毫无疑问,对大部分的宝宝来说也一样),宝宝出生后的前6周是最难适应的。历经神经紧绷以及戏剧性的生产过程和产后照护[1]之后,突然间剩下妈妈独自和宝宝面对一切,那是相当可怕的。许多妈妈描述了自己在听到助产士告知会停止探访的那一刹那油然而生的恐惧。这段日子会特别辛苦,因为宝宝这时最容易受到惊吓,也最脆弱。宝宝出生后的几周也是新手父母最脆弱的一段时光,他们不确定自己是否可以当好父母,不知道宝宝是否可以平安长大。但每个人在这段日子里都进步得很快。

其实,新生儿的存活能力是相当令人赞叹的,虽然这也是世上再平常不过的事了。安德鲁描述了他在女儿刚出生那几天的内心感受。

> 她是一个好娇小、好珍贵的宝贝。她睡觉时,我的视线一刻也离不开她,心想:"这不是真的,我们不可能永远保护她。"想到一半时,我觉得自己好像漂浮在另外一个世界。

---

1 中国人称为坐月子。——译者注

新生儿会占据你的整个心思，成为你的全世界。当一切顺利时，心中的骄傲、喜悦和兴奋之情是笔墨无法形容的。当事情不顺时，感觉就好像到了世界末日。安德鲁的另一半朱莉也觉得宝宝出生后的那几周，她整个人好像漂在海上一样。

> 前一刻我还带着骄傲乘风破浪，心想自己拥有世界上最棒的宝宝，我要永远让她开开心心。但下一刻就全都变了样。她会突然哭得很惨。我完全不知道发生了什么事，结果弄得自己也很悲惨，泪眼汪汪，心想："我到底做错了什么？"那种感觉就像努力不要让自己溺毙一样。

在宝宝刚出生的前几周，无论是宝宝还是照顾他的人都非常有热情，这些强烈的情绪会让父母觉得自己像是在坐云霄飞车。别忘了，对大部分父母来说，这段日子相当辛苦。但是随着时间的推移，情绪的波动幅度会越来越小，宝宝也会越来越放松，也比较容易让人理解。

新生儿该过随性的生活还是规律的生活？

新生儿所带来的最大挑战就是没有固定的生活作息，也无法预测其作息。新生儿白天大部分的时间都在睡觉或是喝奶，半夜可能会惊醒或是肚子饿，他们的作息没有明显的节律感或规律性。许多新手父母因此感到相当困惑，甚至惊慌失措，他们禁不住想从宝宝睡觉和喝奶的模式中找出逻辑或是一致规律，否则他们会自认是哪里做错了。不过，父母井然有序的生活对新生儿来说反而可能是混乱的。新的感觉——比如饥饿和地心引力、皮肤上感觉到的不同温度和质地、新的嗅觉、新的空气、新的视觉和听觉——取代了他在妈妈子宫内唯一熟悉的节奏和规律的步调。

宝宝需要时间调适，有些宝宝需要的时间比其他人长，之后才有办法渐渐适应新的生活和父母对他们的期待。有些父母觉得这种缺乏规律的生活还算可以应付，但是其他人则比较需要有固定步调的生活，希望事情能够早点有所安排。千万别忘记很重要的一点是，我们多少都需要别人提供某种形式的帮忙。有些父母从书籍或杂志中寻找应对混乱的办法。如果另一半相当配合，那可真是再宝贵不过的，通过分享经验、分担照顾宝宝的辛劳和随之而来的焦虑，紧张的生活将舒缓很多。许多妈妈都需要倾吐的对象，可以是朋友、护理人员、父母或是产后看护的相关团体，使妈妈能从不同的角度看待新生儿永无止境的需求，同时也比较能够感受到别人所给予的支持。

贴心小叮咛

许多妈妈都需要倾诉的对象，好让她们可以从不同的角度看待新生儿永无止境的需求，同时也比较能够感受到别人所给予的支持。

卡西的第一个宝宝克尔丝蒂在刚出生的那几天，半夜每隔2小时就会号啕大哭要喝奶。白天时，卡西得抱着克尔丝蒂在家里走来走去，晃呀晃的，好像只有在妈妈怀里，克尔丝蒂才会平静下来。等到她快满2周大时，卡西已经体力透支，心情跌到了谷底。

我觉得，我的整个生活都被剥夺了，我没有办法好好吃一顿饭，因为我总是在喂奶，或是抱着她，我连上厕所都得抱着她。我的朋友一直说我应该很快乐，表面上我一直说："是呀！是呀！"但实际上，在内心深处，我一点都不快乐，却又不愿意去承认。这原本是我期待已久的，但现在对我来说简直是噩梦一场。

后来，卡西参考了书上的建议为宝宝打造规律的生活步调。

一开始，我觉得这样好残忍，只要克尔丝蒂多哭几分钟，我都会受不了。我很害怕一切都不会有什么改变，但我还是坚持下去了，同时也一直在通过看书寻找解决之道，虽然情况并没有全部像书上所描述的。过了一段时间，我发现，如果克尔丝蒂情绪不好，我就跟她说："克尔丝蒂，你累了，乖乖去睡觉吧！"然后把她放到床上，知道她迟早会睡着。我很讶异这一招居然每次都奏效。

有时候，就算这招没用，我也变得比以前冷静了，不再觉得她老是主宰我的生活了。这使我重拾了信心，让我觉得：“我做得到喔！”

妈妈的不同需求就跟宝宝的不同需求一样重要。对卡西来说，宝宝的一堆要求给了她很大的压力，因此不得不将主控权收回来。卡西认为，书对她有很大的帮助，就像母亲一样，可以给予她从没想到过的建议和看法。有了书本的资源，卡西已经比较不会因为女儿吵闹不安而让自己的心情受到影响了，也比较不会受制于她的每个要求了。同时，这或许对克尔丝蒂也有一定的帮助，因为这意味着妈妈比较不会抓狂，有办法运用更多的资源。宝宝向来很会看透父母的内心世界，稍后将针对这个问题进行讨论。

贴心小叮咛

妈妈的不同需求就跟宝宝的不同需求一样重要。

如果跟卡西一样，我们真的发现让宝宝在刚出生的几周过有规律的生活是有帮助的，那么至关重要的就是，我们也要敞开心胸接受宝宝想要传达给我们的以及希望我们了解的讯息。他们常会感到困惑，不知所措，而生活有时候的确有点混乱，令人害怕，完全没有界限。如果能牢记这一点，就能缓解面对混乱时的恐惧，也能更好地帮助宝宝感觉更有安全感，让他尽量不会情绪失控。

育儿指南或是有规律的生活并不见得适合每个人。有些父母或许比较喜欢顺其自然，有些父母不太喜欢让别人告诉他们该怎么做，有些父母发现宝宝的行为和书上写的不一样。如果父母所采取的是比较随兴的方式，让宝宝用自己的步调找到属于自己的节奏，就得忍受睡眠不足的夜晚，以及昏沉的白天；但同时也别忘了，父母自己仍需要稳定的生活和属于自己的时间。如果没有谨守自己的底线和观点，我们就很容易受制于宝宝，感到疲惫不堪，又困扰不已。如果有这种情况出现，不止我们会感到筋疲力尽，宝宝也会感到非常惶恐。

贴心小叮咛

育儿指南或是规律的生活并不见得适合每个人，因为每个人都是独一无二的，唯有细心观察宝宝和了解自己，才能找出最适合自己和宝宝的相处之道。

虽然在宝宝刚出生的那几周，父母会相当辛苦，但也能体验到无比的喜悦。看着宝宝日益增加的体重，瘦小的四肢渐渐变得柔软圆润，喝完奶之后温暖的身体，带着一抹浅浅的微笑平静地躺在父母的怀里睡着，这些变化代表了进步和成长的喜悦。或许，最让父母感到舒心的时刻就是当知道自己做对了时，自己的存在和安抚正是宝宝所需要的。这就仿佛终于走过了黑暗的隧道，越接近出口，眼前就越发明亮。

焦虑不安是一种情绪传染病

当宝宝烦躁不安时

大部分父母都认为自己应该保护新生的宝宝，使他们不受人世间的不安和悲惨侵扰。我们都拼命地希望下一代快乐，所以在宝宝刚出生的前几周，无论我们多爱、多珍惜他们，他们就跟其他宝宝一样，还是会遇到不快乐的事情，这个事实对父母们来说有相当大的冲击。虽然大家都知道新生儿会哭，但是看到宝宝赤裸裸的强烈情绪反应时，还是会始料未及。

新生儿刚出生的前几周，似乎拼命地想找到有“家”的感觉的东西，他们想在充满新的感官刺激的陌生环境中找到一份归属感。新生儿没办法思考这些事情，而生命似乎充满了混乱和不同的感觉。毕竟，这么小的宝宝实在无法预测接下来会发生什么事。同样地，他们也记不住刚刚发生的事。因此，面对突如其来的重大刺激，显得特别脆弱。不过，他们也会表现出一副幸福、满足的模样，或许是当爸爸或妈妈把他们抱在怀里，尽情喝奶，享受这份温暖和安全感时，他们会认为这世界真是美好。但如果肚子饿了而没有马上吃到东西，又不确定是否真的有东西吃时，仿佛他们的整个世界都快崩溃了。他们放声大哭，想要赶走这种不愉快的感觉，小脸蛋因为哭闹而憋得通红变形，手脚不停地挥舞，似乎要向世界表达无限的愤怒；有时，他们会痛苦又急促地啜泣，听了令人心碎。当宝宝似乎陷入了极度的痛苦时，做父母的会感觉非常无助，因为没办法帮他们把痛苦赶走。

通常，父母——尤其是妈妈——总会认为，如果没有办法马上安抚宝宝，就对他们的烦躁不安负有责任，甚至会产生罪恶感。有些父母觉得新生儿的哭声几乎都是身体上的痛苦引发的，如果无法安抚他们，使他们停止哭泣，父母可能会相当生气，甚至沮丧。遇到问题时，宝宝常会用受到惊吓的眼神看着我们，好像一切都是我们的错。为人父母者难免会遇到这种情况。假如宝宝的哭声无法引起我们的关切，他们就无法得到所需要的注意和关心。但是在面对新生儿造成的不安时，父母能否保持冷静与能否妥善处理这种情况有相当大的关系。

贴心小叮咛

面对新生儿的哭闹不休时，保持冷静是妥善处理的第一步。

当妈妈跟着宝宝一起焦虑时

安娜第一次在家为2周大的詹姆斯洗澡时，他突然焦虑不安起来。

> 助产士跟我说要在喂奶前帮他洗澡，他才不会吐奶。但当我把他放到浴盆里准备给他洗澡时，他变得焦躁不

安起来，我知道他想喝奶，所以当他发现不是要喝奶时，整个人都崩溃了。

当詹姆斯越哭越厉害时，安娜也慌了手脚。

我帮他脱衣服时，他用充满惊恐的眼神看着我，好像我会变成巫婆一样。我感觉糟透了。他的小手不停地乱抓，好像快掉下悬崖时要赶紧抓住什么东西一样，显得相当无助，但是我一点办法都没有。他不停地把手指放进嘴巴里，用力地吸吮，好像这样就能喝到奶了一样。当我真的把他放进浴盆里时，他完全崩溃了，整个身体因为呜咽而抖动。我几乎无法抱着他，我的手也在发抖，弄得我也快哭出来了。最后，等他洗完澡擦干身体以后，他的心情也渐渐平复下来了，于是我喂他喝了奶。之后，他伸了伸懒腰，在我怀里睡着了，那时我才稍微松了一口气。

这个例子告诉我们，当宝宝哭闹不安时，妈妈很容易受到影响，手足无措，几乎崩溃，甚至无法帮宝宝面对很平常却很容易令人神经紧绷的状况。一开始是宝宝感到恐惧，最后连妈妈也恐惧起来。当妈妈的心中充满罪恶感和焦虑时，难免无法以冷静和自信的态度来照顾自己的宝宝。

詹姆斯似乎经历了崩溃的状况——这是新生儿很容易碰到的状况——他们的自我感知也相当脆弱。当他想要的牛奶没有出现时，内心的平衡就遭到了严重的冲击；当妈妈脱掉他的衣服时，他变得越来越焦虑，最后感觉已经无法掌控自己的身心状况，害怕自己快要崩溃了。他的身体反应是开始痉挛，犹如他的身体遭到了攻击一般，不知道自己是否可以在受到威胁的情况下存活下来。他的情绪也处于类似的状况，与自己和妈妈失去了良好的连接。他迫切地想找个东西紧紧抓住，像是奶头或是安抚奶嘴，这些都能帮助他再度感到自己是完整的个体，并让自己的内心深处重新获得安全感。

宝宝的感觉是相当直接鲜明的，我们必须设身处地地为他着想，让他知道我们了解他正在经历的一切，甚至可以感同身受。但父母也得保有大人的样子，这很重要。虽然要做到这一点很困难，而且大部分父母会发现自己经常受到宝宝烦躁不安的情绪影响。如果换作另一个妈妈——或当同一位妈妈处在比较坚强的状态时——宝宝的烦躁不安则会激起她的同情和悲伤，而非这么易受宝宝的影响而焦虑不安。当然，要每次都达到这种境界是不太可能的。安娜发现，和好的过程、再次认识对方以及修复伤害的过程，都让彼此更了

贴心小叮咛

宝宝的感觉是相当直接鲜明的，必须设身处地地为他着想。但父母也得保有大人的样子，这很重要。

解对方，并逐渐相信任何伤害都是可以修复的。经过这次可怕的尝试，安娜之后会和詹姆斯一起洗澡，这次他们都感觉平静了很多，洗澡也从此变成了一件快乐的事。

你的情绪中有我，我的情绪中有你

父母的情绪如何影响宝宝

宝宝从很早的时候起就容易受到父母心情的影响。当父母心平气和地出现在眼前时，宝宝也比较容易受到安抚；如果抱着他们的人很焦虑，宝宝就比较容易躁动不安。这条线索或许可以帮助我们了解宝宝不快乐的原因。有些父母面对哭闹不休的宝宝束手无策，但宝宝一到别人怀里，很快就能变得平静而满足。这种情况就好像是在质疑父母照顾孩子的能力一样。但有时，情况会失控，妈妈和宝宝都已经剑拔弩张，这时或许暂时分开冷静一下会比较好。久而久之，妈妈、爸爸、祖父母以及宝宝就会慢慢了解彼此的个性，同时也懂得如何处理偶尔遇到的问题。

但是，如果父母认为自己要为宝宝任何不快乐的征兆负责，并且认为是自己让宝宝不快乐的，则可能会导致阵阵罪恶感。但自责并没有太大用处，只会徒增焦虑，使相关的人更难受而已。其实，父母不需要太在意自己对宝宝情绪的影响，他的每一丝负面情绪都是我们造成的。这样就可以找到一个“快乐的平衡点”。

我们必须想办法度过每一场风暴，知道我们会对宝宝的情绪有所反应，正如他们对我们的情绪也会有所反应一样。当然，所有父母都有自己的极限和需要面对的问题。“完美”的父母不见得会带给宝宝最多的欢笑。亲子关系就像其他的人际关系一样，经历风风雨雨之后会变得更加深厚。

贴心小叮咛

“完美”的父母不见得会带给宝宝最多的欢笑。亲子关系就像其他的人际关系一样，经历风风雨雨之后会更加深厚。

宝宝的情绪如何影响父母

虽然宝宝长得很娇小，却有很大的影响力。他们强烈的情绪会严重影响照顾者的感受和心情。

宝宝的强烈情绪和妈妈照顾他时所需面对的情绪是大同小异的。新手父母通常会觉得自己好像掉入了外层空间，进入了一个相当可怕的世界，必须以飞快的速度努力学习，才可以从容地面对各种状况。宝宝心中的混乱和突如其来的恐惧常常让父母完全不知所措。

我们有时会觉得自己的父母很孩子气，但是当自己有了孩子以后，居然发现自己也会出现同样的行为。这时，我们与父母反而有了新的凝聚力，更了解父母在我们小时候所经历的一切。以前，我们可能对父母的所作所为有相当多的批评，并且发誓以后绝对不会跟他们一样。有些父母可能觉得他们的宝宝所获得的家庭教养比自己当年好，这让他们既安慰又有点悲伤。许多新手妈妈将这形容成“乡愁”，也就是自己想扮演儿时所渴望的父母角色，或是可能会突然感到孤单，因此感觉格外脆弱又容易受伤。新手爸爸也一样很讶异地发现，儿时的一些问题会突如其来地浮现在眼前，令他们感到焦虑，或是引起了强烈的情绪反应。

马特第一次升格当父亲，他惊讶地发现自己内心居然有那么多的情绪起伏。

> 我不知道自己的父亲是谁，但突然之间，我居然成了托马斯的父亲。当他快满两周大时，有一次我突然泪如雨下。长大后，我从来没思念过父亲，但突然间，我开始思念他了。

马特的宝宝让他发现了自己从小就没有注意到的情绪。既要处理这些情绪，又要应付新生儿所带来的压力，对他来说实在太大。但这是父母难免会经历的一部分，也使我们比较可以用同理心来看待宝宝，并了解他们赤裸裸的感受和需要。所有这些经历都使我们更能够给予宝宝所需要的安慰和安全感。

新生宝宝要什么就给什么吗?

新手父母通常很担心宝宝有爱哭、不易入眠、肠绞痛或是依赖性太强等问题，而且更担心这些问题不会消失。时间久了，父母会发现情况有所改善，因为宝宝变得更有韧性，更能忍受挫折了。但新生宝宝或是其新手父母怎么知道宝宝成长的阶段不会永远持续下去？父母尤其担心宝宝特别依赖某些东西，例如，一定要睡在父母的床上，一露出饿了的样子就喂奶，一直叼着安慰奶嘴，一哭就要人抱，或者总是边喝母乳或配方奶粉边睡觉。父母担心宝宝一旦养成这些习惯，以后就很难改了。新手父母常会听人警告，如果太放纵宝宝的这些行为而不加以节制，就会“自讨苦吃”，或是说这样等于“宠坏”了宝宝，将来一定会后悔。

玛丽亚正在喂2周大的宝宝艾拉母乳。

> 大家都说：“肚子饿了再喂她。”但是我不觉得他们真这么想，或者说，他们根本没见过艾拉！每次喂奶都得花将近1小时，导致我无法做任何事，每次一中断，艾拉就很生气，想要喝更多。我实在不敢相信她真的有那么饿，所以我用尽了办法拖延时间，在家里走来走去，带着她蹦蹦跳跳。最后，这真的惹恼了我，于是我会把音乐开

得很大声，企图淹没她永不停歇的哭声。

玛丽亚跟许多妈妈一样，她对新生儿宝宝永无止境的需求感到担忧。当她觉得再也无法忍受这些情绪时，会干脆冷漠以对。玛丽亚跟助产士聊到这件事时，助产士教了她不同的应对方式。

她（助产士）是一位相当和蔼可亲的女士。我还记得她提到艾拉时那种温柔的模样。她说艾拉非常娇小，容易受到惊吓，因此一直想喝母乳是正常的，我实在不应该阻止她。从某方面来说，我相当讶异，因为对我来说，我并不觉得艾拉很瘦小，反而觉得她还蛮壮的，尤其是在她大哭大叫时。但当我从助产士的视角看艾拉时，心想:“我的老天，她比我更害怕。”从此以后，我再也不觉得自己做了太多让步了，会尽量让她多喝奶。这使我松了一大口气。她也好像变得比较快乐了，情况也因此改善了许多。

玛丽亚觉得女儿有很多要求，而且好像永不满足，她觉得自己无论怎么做都没用，或许这也是为什么她要狠下心来，对女儿的无助和脆弱充耳不闻。通常来说，之所以会有这种担忧，是因为妈妈认为新生儿宝宝的需求永无止境，而且会永远如此。但事实并非这样。新生儿宝宝或许会这么认为，并且因为真的相信，而让父母有时也信以为真。但如果父母努力稳住阵脚，坚持自己的看法，就可以帮助宝宝学习成长。

就跟玛丽亚一样，如果我们试着去想象一两周大的新生儿宝宝是多么的不知所措、充满困惑，就不难明白婴孩接受到安抚只会有益于他们。如果新生儿宝宝像艾拉一样，可以从喝奶中获得更多安慰，那么无论是想寻求慰藉还是真的肚子饿了，父母都应该尽量满足她，让她知道这个世界是安全的，只要她需要就可以获得安慰。当宝宝有了足够的良好经验，她就会越来越坚强，越来越自在，也比较能够在事情不顺时，处理突然出现的负面情绪。

贴心小叮咛

当宝宝有了足够的良好经验，她就会越来越坚强，越来越自在，也比较能够在事情不顺时，处理突然出现的负面情绪。

虽然要时时刻刻留意宝宝的需要是很难的，但父母仍要坚持不懈，要知道宝宝还很小、很脆弱。当宝宝感觉无助时，如果父母对他的需求有所回应，他就可以渐渐享受人生中的变化，同时慢慢学着面对人生中的小挫折。等他再大一些，自己可以安慰自己时，父母就可以开始考虑不再给他不需要的安抚了。

在玛丽亚的例子里，艾拉在前几周不断地要喝母乳，但是之后，她喝母乳的次数渐渐地减少了，转而寻求其他可以带来安慰和乐趣的事情，玛丽亚原本担心的要永无止境地喂奶的日子已经过去了。

刚出生几周的宝宝一次只能面对一丁点儿挫折

显然，某些宝宝比其他宝宝能够早点面对挫折，就像每个父母所能承受的烦躁和不安也有所不同。正如刚刚所提到的例子，宝宝什么时候能够有规律地喝奶，和父母分床睡觉，睡前哭泣减缓等情况，都不是我们能够主动去知晓的。父母和宝宝都需要从错误中学习。这样父母才能多认识宝宝，知道他可以应对什么，应对不了什么。父母慢慢地也得学会以温和的方式帮助宝宝迈入下一个成长阶段。在宝宝出生后的最初几周，大部分宝宝只能一次面对一点点挫折，他们需要感受到父母对其无助的包容。此外，父母也得牢记在心，这一切不会永远持续下去——这对宝宝和父母都有好处。

上一秒父母还是世界上最棒的人，下一秒则变成了怪物

有些父母在新生儿宝宝刚出生时就马上对宝宝产生了强烈的关爱，但有些父母发现自己对宝宝并没有特别多的关爱，甚至还有一种陌生的疏离感，并对此感到很震惊。新手父母感到泄气和失望是很普遍的，正如他们有时会突然感到无比骄傲一样。丹尼尔已经有两个孩子了，他描述了自己对小女儿涌起的温情和保护欲，但他称那不是爱。

> **贴心小叮咛**
>
> 新手父母对宝宝感到泄气和失望是很普遍的现象。

我知道我对她有相当强烈的感觉，我的世界充满了跟她有关的各个细节，但我怎么可能对不太认识的人有爱的情感呢？

父母通常会觉得这个阶段的新生儿宝宝还太小，没有能力“回报太多”，因此必须经过几周持续不懈的照顾、付出、自我牺牲和关怀，才有机会看到宝宝发自内心的微笑。但其中最值得的莫过于知道自己给了宝宝最需要的东西，宝宝也开始有了自在的感觉。

父母似乎会认为宝宝对这个世界的看法很直接。宝宝前一秒还觉得父母是世界上最棒的人，下一秒就觉得父母变成了怪物。在这个阶段，宝宝还无法分辨心理和生理的感受有何不同。其中一个例子就是“肠绞痛”。父母亲知道胃部出现绞痛意味着焦虑或害怕，或是生理上的病痛。但对刚出生的新生儿来说，它们是同一件事。肚子痛很不舒服会导致焦虑不安，就如同焦虑、不安也会导致肚子痛一样。宝宝完全无法区分其中的差别。当他不舒服时，他的生理和心理都需要安慰。

贴心小叮咛

在这个阶段，宝宝还无法分辨心理和生理的感受有何不同。

同样地，宝宝似乎无法分辨自己和别人的差别。“妈妈”或“爸爸”可能代表某种特别的气味、声音或是感觉。也难怪几周大的宝宝一旦肚子饿、身体不舒服或是遇到挫折，通常会带着惧怕的眼神看着父母，认为是父母让他的世界分崩离析的。当他觉得世界是一个坏地方时，他就没有办法记得父母对他好的时候，也无法想象父母会再次变成好人。同样地，当他们很满足时，例如，心满意足地边喝奶边盯着妈妈看时，或是趴在爸爸的肩膀上昏昏欲睡，被爸爸轻轻地哄着入眠时，仿佛这个世界又变成了一个幸福美好的天地。父母这时又成了大好人，他们过去所有的“罪行”全部一笔勾销了。

宝宝充满热情，但就我们的了解，他们还无法感受到“爱”或“恨”。当一切顺利的时候，他们会有一种笼统的“可爱”的感觉；不顺利的话，则会有“可恶”的感觉。在这个阶段，他们的主要功课还是学会面对人生中的起起伏伏，之后才会有更多的空间容纳更复杂的情绪。对照顾宝宝的人来说或许也是一样的，这段新关系就像摆荡在两个极端，犹如乘坐海盗船一般。只有等宝宝开始将触角往外伸，探索其他人的世界，并且把我们当成实际存在的人，我们才能以更加丰满鲜活的方式与宝宝建立关系。

心情低落就代表得了产后抑郁症吗？！

我在之前稍微提到了新手妈妈内心的脆弱，尤其在新生儿宝宝刚出生的那几周，她常会觉得压力过大和情绪强烈直露。乔说在第一个宝宝出生后，她有相当严重的失落感，几乎可以说她像在为什么东西而哀伤。

> 我自己也不知道到底失去了什么（或许是宝宝本来在我身体里吧）。但我就是无法停止哭泣，甚至有很长一段时间感到孤单和痛苦，我很想不计任何代价地变回宝宝，不需要再顾虑别人，只要一直让人呵护照顾就好。

或许，每位妈妈在生第一个宝宝后都会有一段心情低落或感到沮丧的时期。通常，这些情绪会和兴奋及快乐的感觉交替出现，但有时候负面情绪会持续更长的时间，因此令人忧虑。许多妈妈很害怕得产后抑郁症，这反而迫使她们就算背负压力也要表现出“很快乐”的样子。其实在这个阶段有情绪的波动是很正常的。几乎所有的妈妈都有过心情不好、孤单或是沮丧的时候。这些情绪对宝宝并不会有任何的伤害，或许妈妈和宝宝的生活会因此受到影响，但有点情绪或是感受比较强烈并不一定就是抑郁症。妈妈们难免会发现自己有各种强烈的情绪；她们还需要克服自己身上的孩子气，同时又得面对改变了的生活方式和自我定位。更重要的是，通常人们都期待妈妈可以对宝宝波动很大而又两极化的情绪感同身受，随时给予安慰和谅解。

因此，妈妈难免会对宝宝有些负面情绪。对汉娜来说，刚出生的儿子有一堆需求，这让她受尽了折磨。

宝宝刚出生时我好高兴，但有时候就会禁不住地想对他发脾气。刚出生的那几周，他因为肠绞痛经常哭泣。有时候，我会想，“你已经夺走了我所拥有的一些东西！那我呢？”每次喂奶对我来说都是一件苦差事，因为我的奶头破皮流血了，我只希望晚上能好好地睡一觉。有一天，他哭个不停，我试了各种方法安抚，但他就是哭个不停。突然间，我有个很强烈的念头，想把他扔下楼梯，或是采取任何可以让他停止哭泣的方法。这种念头虽然只持续了几秒钟，却非常强烈。之后，我哭了起来，我好担心，于是我把他抱在怀里哄着他，告诉他我很抱歉，其实我很爱他。

有时候，新手父母会有类似的念头，这是相当普遍的，就算是最受欢迎的摇篮曲也提到了宝宝从树上掉下来。有时候，把这些念头压抑在心里，会令人感到孤单害怕，可是一旦注意到这些情绪，它们的影响就会渐渐降低。就算我们害怕告诉别人，也得对自己诚实，知道有这种感觉在所难免，就算是最慈爱的父母也会有这种经历。新生儿宝宝的无助可能令人难以忍受，尤其是父母用尽了办法仍

贴心小叮咛

不要压抑负面情绪，要诚实面对这些情绪，这样它的影响就会渐渐降低。

无法使宝宝感觉好一点时，愤怒和生气说明我们压力很大，需要和宝宝稍微分开一段时间，最好是留些时间给自己。如果发觉我们的需要得到了关怀，就比较容易再度以慈爱的态度来对待宝宝。

贴心小叮咛

当父母压力太大时，请暂时和宝宝分开一段时间。

当然，有时候一些负面情绪会令人担忧，如果真的觉得自己可能会伤害宝宝，应该和别人倾吐这份忧虑，同时寻求所需要的协助。但偶尔产生想对宝宝采取暴力或攻击行为的想法并不会改变你对宝宝的爱。感觉和行为是两回事。正如汉娜的例子一样，如果我们允许自己在亲子关系或是其他关系中产生负面情绪，反而能够帮助我们欣赏自己的正面情绪和对宝宝的爱是多么强大。

贴心小叮咛

如果真的觉得自己可能会伤害宝宝，应该和别人倾吐这份忧虑，同时寻求需要的协助。

贴心小叮咛

请记住，偶尔想对宝宝采取暴力或攻击行为的想法并不会改变你对宝宝的爱。感觉和行为是两回事。

6周之后，宝宝和父母都可以松一口气了

第6周快结束时，全然无助的新生儿宝宝会蜕变成健壮的宝宝，比较能够注意到周遭的环境、放松自己以及享受人生了。当新生儿宝宝第一次对父母展露笑颜时，大部分人都非常雀跃和骄傲。山姆回想起当时的情境：

> 我还记得那种快乐到快要飞起的感觉。我冲宝宝微笑，他突然也对我笑了。我这一辈子大概从来没有那么快乐和兴奋过。我高兴得不行，好像陷入了热恋一样。

只有少数幸运的父母才有办法在宝宝刚出生的6周享受平静愉快的日子，其他大部分人都需要面对热情和焦虑交错出现的状况。这时，大多数妈妈已经做好了去探索世界的准备——不再需要整天穿着家居服了，她们或许可以开始出门拜访护理人员或是和其他妈妈碰面了。混乱的日子渐渐被有规律的生活取代，父母比较有信心来描述宝宝的心情和喜好了，也比较知道宝宝在一天中的什么时段会比较躁动以及喜欢什么活动，等等。

当新生儿宝宝开始抬起头来，能认出主要照顾他的人时，他就会主动表达要喝母乳或要奶瓶，或是会寻找熟悉的声音，同时

也能渐渐理解在周围听到的噪声和所看到的景象。他们也知道喝奶时间到了，能享受食物和照顾者的陪伴，知道他们是属于宝宝的，知道自己也属于这个世界。许多父母此时也将真正开始体会到养育宝宝所带来的喜乐和激动，他们逐渐了解并爱上了这个渐渐长大的宝宝，并被自己的宝宝逐渐认识和喜爱。

第三章

宝宝3—6个月大

3个月是宝宝成长的第一个重要阶段，他开始探索自己的身体，想要伸手去触摸、抓东西；开始玩游戏和对话，这时也才开始产生意义。

每个宝宝喝奶的速度、习惯都不一样，有时还会拒绝喝奶，这是否造成了父母的困扰？

该断奶、该吃辅食了吗？该怎么跟宝宝玩？

如何看待宝宝哭这件事？宝宝又是怎么看待哭这件事的呢？

这时候可以让宝宝自己睡了吗？

本章将从生理、心理和情绪等层面来探讨这些问题。

3个月是宝宝成长的重要阶段

宝宝接下来的重要成长阶段是在3个月大时。大约在这个年纪，他们开始感受到了越来越多的自主性。他们比以前更喜欢自己的身体了，会探索自己的手和脚，想要伸手去触摸和抓东西，会尝试发出不同的声音，做出不同的面部表情。在刚出生的那几周，宝宝大多是用嘴巴和眼睛去发掘周遭的事物的。当他们心情不好时，会用眼睛盯住某样东西来安慰自己，比如灯光、玩具或是某人的眼睛，有时则用手或嘴巴紧抓住某样东西不放。一旦他们可以开始用手抓东西了，世界就有了新的意义，不过此时的宝宝还是比较习惯把东西塞到嘴巴里检验一番，而且这种行为恐怕会持续一阵子。当3个月大的宝宝看到漂亮的玩具或是友善的面孔时，他们通常会表现出很高兴的样子或是流口水，之后才会想到要伸出双手。

贴心小叮咛

宝宝3个月大时，会开始探索自己的手和脚，想要伸手去触摸或抓东西，尝试发出不同的声音，做出不同的面部表情，世界有了新的意义。

3个月大时，宝宝的身体越来越结实和协调了。他们这时已经比较不会整天想着自己的需求有没有获得满足了，而是已经准备好探索这个世界了。开玩笑、玩游戏和对话大概都是从这个时候开始。在这个阶段，如果宝宝对你笑，代表着全新的意义。他们已经成为有主见的个体了，父母对他们来说是一个真实的人了。看到宝宝渐渐适应生活，并开始喜欢生活中出现的熟悉而又可靠的各种体验时，感觉相当美好。

贴心小叮咛

开玩笑、玩游戏和对话开始有意义大概是从宝宝3个月大开始的。

“施”与“受”的喂奶关系

有些喂母乳的妈妈在这个阶段开始喂宝宝配方奶了，这或许是因为她们要重返职场，或许是因为渴望有更多的自由，或者是因为讨厌喂母乳的过程。但是，有些妈妈在喂母乳方面越来越上手了，因为宝宝和妈妈都变得比较有信心，也比较放松了。喂配方奶粉的妈妈通常会发现宝宝喝奶的时间比较固定，因此也比较容易掌控，喂奶的过程会比较快乐。通常，妈妈喂奶时会因为宝宝的体重是否增加或是否喝到太多空气等问题而感到不安。

从喝奶可以看出宝宝的个性

每个宝宝的气质和个性都可以从他们对食物和喝奶的态度

看出端倪。哺乳关系可视为宝宝未来其他人际关系的根基，因为这是宝宝生平第一次从他人那里获得东西（食物、爱和安慰）。通过喂奶，宝宝会开始学习“什么时候该放手，什么时候该让妈妈接手”，同时也在探索身为两个不同个体——一人在给予，一人在接受——的意义。

西沃恩3个月大了，她妈妈很了解她对喝奶的需求。她会以渴望的眼神看着妈妈，并且用相当热情的方式吸奶。她以坚定的表情专心地喝着母乳，每次喝奶，她总是相当认真，还会闭上眼睛。

> 她总是知道哪些东西是她的，是应得的。这让我不禁想笑，因为她会将一只手伸出去，捏着中指和大拇指，好像美食家一样。我想到她时，总是会想起一句谚语：“世上的一切都得暂停，因为我正在喝奶。”之后，她会伸展整个身体，双手举得高高的，高过她的头，闭上眼睛，表现出一副心满意足的样子。

西沃恩认为妈妈的胸部和母乳是属于她的，并知道该如何从喝奶的过程中获得最大的乐趣和满足。这也令她妈妈相当开心。幸运的是，她的妈妈不介意自己不被当作参与者，而只是一个观察家。西沃恩可能陶醉在某种幻想中，认为妈妈的胸部和母乳是她的，而且只属于她。在她喝奶时，就算妈妈消失一下也无妨，她已沉醉在属于自己的美好的小小天地里。

对其他宝宝来说，喝奶明显就是“给予”与“接受”的关系，他们很乐于和妈妈分享这种关系。克拉拉从很早的时候就既喝母乳，又喝配方奶，她总会边喝奶，边盯着妈妈脸上温柔可靠的神情。

有时，当我正要喂她喝奶时，她会在喝奶前对我笑一会儿。在喝奶的过程中，她总是会盯着我看，好像在跟我说“谢谢”一样。如果我开始边和其他孩子聊天或是边看电视，边喂她奶，她就会停下来，直到我把注意力转回她身上，她才会继续开动。

有时候，喝奶的宝宝就好像是小情人一样，充满热情和爱意。有时候，宝宝看起来很搞笑，就像是一个3个月大的宝宝，会在喝奶前把自己弄得脸红脖子粗，这是因为她看到妈妈的奶头时过于兴奋地手舞足蹈。有的宝宝可能很急躁，占有欲强；但是有的宝宝比较犹豫不定，很容易分心。在这个阶段，喝奶对宝宝来说仍然非常重要。在哺乳过程中，宝宝不只是在喝奶，也是在用哺乳所代表的一切丰富内涵维持生命。通过亲密的哺乳关系，宝宝将了解世界可以给他什么，以及与别人保持亲

贴心小叮咛

通过亲密的哺乳关系，宝宝将了解世界可以给他什么，以及与别人保持亲密关系意味着什么。

密关系意味着什么。

为什么宝宝不喝奶了?

当然在这个阶段，哺乳仍是一件令人焦虑的工作。宝宝常常会在前一秒还高兴地喝着奶，下一秒又突然拒绝喝奶。卡拉的儿子本在前3个月喝母乳喝得很好，但是到了这个阶段，他会突然把头转开，哭着不要喝母乳。

> 他一看到我的奶头就开始哭，好像心情非常不好，不想喝。每次我尝试要喂他，他就把头转开，令人很伤心，也让我相当为难，以致心情低落。我一直在想是不是我有什么不一样，有哪个地方他不喜欢，使他不想跟我亲近。

哺乳是母子关系中相当亲密的一部分，当宝宝拒绝喝奶时，妈妈可能会觉得自己被排斥在外，尤其是当妈妈因其他因素感到特别脆弱时，要她重拾信心就更加困难了。我们只能猜测本感到不舒服的原因。或许一开始他是身体不舒服，因此不想喝奶。或许他发现了妈妈心情的转变，使他生气不想喝奶。也有可能是他正在经历某种难关，让他觉得一切都不对劲，连妈妈也不对劲。对3个月大的宝宝来说，“人生”和“妈妈”有时是很难

贴心小叮咛

宝宝可能以厌奶来发泄心中的负面情绪。

区分的。其中任何一个因素都有可能使本不想喝奶，感到焦虑或是愤怒，因此用拒绝的方式来发泄心中的负面情绪。

有时候，宝宝会把父母当成坏人，就算父母的出发点是为他们着想也一样。这是父母要面对的最艰难的挑战之一。至于父母所能容忍的程度，就得看他们当时的内心有多坚强了。

无论本拒绝喝奶的原因是什么，很明显，卡拉越有罪恶感、越觉得需要为此负责，母子两人就越难脱离负面情绪而重新建立哺乳的关系。一两周以后，卡拉才又能够喂本喝奶，她找到友人倾诉心中的焦虑，并发现这会让她稍微放松一点。

我差一点就放弃了，我想我大概是有点慌了吧？或许我和本都有点受到了惊吓。如果能够找个冷静的人谈一谈，对我会有很大的帮助。

对卡拉和本来说，就算身边的人只给予他们一点点鼓励，也足以帮助他们解决问题。当本拒绝吸母乳时，卡拉中间曾试着要本喝点配方奶，本好像没有那么强烈地拒绝。不过没多久，本就又开始接受母乳了。如果本是用拒绝喝母乳的方式来表达心中的愤怒或挫折的，他或许可以松一口气了，当他知道妈妈会包容他的这些情绪并带动他很快地恢复信心而继续喂奶时，相信本必定是感到比较放心了。

宝宝可以吃辅食了吗?

我们可以从宝宝喝母乳和配方奶的情况观察他的人格发展。接下来的重大阶段就是初次吃辅食，这时的宝宝又会有新的感觉和反应。在这之前，光是该在什么时候开始让宝宝吃辅食的讨论就已经引发了热议，甚至变成情绪性的议题。父母通常无法决定到底该在什么时候开始让宝宝吃辅食，有的人认为大概是6个月前后。很明显，这个问题不只涉及宝宝在生理上是否已经做好了准备，同时也得考虑他的情绪，更不用说是妈妈的感受了。

贴心小叮咛

大约6个月后，宝宝就可以开始吃辅食了，不过还要看宝宝在生理和心理上是否都准备好了。

有时候，断奶会让人焦虑甚至担心，因为父母不知道在断奶之后到底要给宝宝吃什么。此外，喂给宝宝的每一口食物的卫生问题和营养成分都会令父母担忧；配方奶不再是宝宝营养的唯一来源，这也让父母忧心，担心辅食是否易于消化，或者是否含有有毒成分，同时也担心宝宝没有继续喝母乳是否会导致各种问题。

就像宝宝在成长过程中所取得的新进展一样，断奶也夹杂着喜乐和失落。“断奶（weaning）”一词有双重意义，一方面是指“习惯做某件事”，另一方面有“远离做某件事”的意思。它正好点出了宝宝开始吃辅食的得与失。尝试新的东西代表要放弃过去的习惯，也势必会对成长和分离产生强烈的感受，父母本身也有些需要舍弃的东西。父母不再需要将宝宝紧紧抱在怀里喂奶，宝宝可以稍微离妈妈远一点，坐在妈妈腿上或是椅子上慢慢进食，这对周围的所有人来说都是相当有意义的。

这些改变也相当令人兴奋。举例来说，宝宝开始吃辅食时，爸爸或是哥哥姐姐也第一次有机会参与宝宝用餐的过程了。哈利在家排行老三，两个哥哥都迫不及待地想看弟弟第一次吃辅食。

在我们家，哈利吃第一口饭成了全家庆祝的大事。突然间，家中的每一分子都想参与。两个哥哥还为谁要负责帮弟弟拿勺子吵了起来。他们因为弟弟跟自己越来越像了而兴奋不已，弟弟已经不只是妈妈的宝宝了。虽然我有点感伤，因为他已经不再是属于我一个人的宝宝了，跟过去也不一样了。他一直在往下一个成长阶段迈进。

每个宝宝都会对新东西产生截然不同的反应。举例来说，茉莉吃辅食吃得津津有味，她会马上抓起勺子，大口大口地吃，好像她为了这一刻已经等了很久了。她唯一不解的是，勺子为什么每次都会在她嘴巴里满是食物时就消失了，这是相当令她不解又生气的地方。

但对哈利来说，虽然两位哥哥非常期待他赶快脱离小婴儿的阶段，但他自己有点摇摆不定。

> 每次喂他吃辅食时，哈利都会看着我们，好像我们疯了一样。他似乎觉得勺子是来自外层空间的东西，上面黏黏腻腻的东西突然间就塞满了他的嘴巴，因此他把大部分东西都吐了出来。我大概永远不会忘记他脸上那困惑的表情，好像在对我说："这不是我点的菜。"他对这件事久久不能释怀。

有些宝宝需要些鼓励才能习惯新的做事方法，慢慢对新口味和烹调方式产生兴趣。或许哈利跟他妈妈一样注意到了自己失去了什么东西，这种失落感需要一些时间才会消失，到时宝宝才有办法感受新习惯所带来的好处。

就跟面对所有新挑战一样，要一次理解所有隐含的意义是很困难的。面对成长过程以及往后阶段的方式跟每个人深层次的个性息息相关。对哈利来说，开始吃辅食意味着得放弃他所熟悉和喜爱的东西。他不太确定自己是否要洒脱地往前迈进，继续成长，和过去说再见。遗憾、悲伤和失落会和放松、愉悦及骄傲交替出现。既然现在的宝宝已经可以坐在离妈妈稍微远一点的地方吃饭了，我们就可以开始以新的方式和他分享经验。这个过程会呈现许多新的角度：父母和宝宝可以用新的工具，发现新的食物可不可口，彼此间也有崭新的空间以共同体验食物从何处而来，又会去往哪里。

宝宝“玩”出感觉来

宝宝断奶并开始吃辅食代表着父母和宝宝之间的早期亲密关系有了重大改变。宝宝刚获得的信心和学会的技巧使他们可以用新方式来探索世界。亲子关系不再像过去一样封闭排外，早期的亲密感也因此减少了许多。但无论父母是否和宝宝在一起，能够带给彼此快乐的东西以及可以互相分享的经验范围似乎在无止境地扩大。

几个月大的宝宝已经能够注视距离稍微远一点的物体了，同时也能够选择他要看的东西了，也能玩简单的躲猫猫游戏了。来来去去的哥哥姐姐、玩具、父母甚至宠物，都会引起宝宝的兴趣，这些东西也对他深具意义。当宝宝开始认出爸爸、妈妈、哥哥、姐姐、祖父母时，他似乎也比较能够察觉自己的感受了。他变得更为专注，也开始了解自己对每件事的感受。

艾玛在3个月大时躺在她喜欢的动物旋转音乐铃下，认真地看动物转到眼前之后又走掉。当动物出现时，她就高兴地眯眯

> **贴心小叮咛**
>
> 3个月大的宝宝开始通过游戏来了解自己的感受。

笑;当它消失时,她会很生气,用力踢脚,好像在抗议它的离去。艾玛似乎可以运用旋转动物的来来去去,表达和探索她的某些感受,以及她喜欢和不喜欢的东西。这个阶段的宝宝都是用游戏来了解自己的感受的。

你家宝贝会乖乖睡觉,还是要哄老半天?

宝宝出生后的前几个月,大部分的父母都得花很多功夫让他们知道晚上真的是睡觉的时间。就算一开始事情进行得颇为顺利,就寝时间和睡觉的相关问题仍然令许多父母相当头疼。睡觉也和分离有关,这个问题对父母、婴儿和幼儿来说都跟情绪有很大的关系。

一开始,很多父母会决定在这个阶段针对睡觉的安排做些改变,或许是将宝宝移到婴儿摇篮、小床或是宝宝自己的房间去睡。这种变动可以为父母和宝宝设立新的界限,但在安顿好宝宝之前,可能需要沟通、再沟通。设立界限时,我们可能会对宝

> **贴心小叮咛**
>
> 对宝宝而言,睡觉代表着分离,所以宝宝睡觉时哭闹有时候可能是情绪问题。

宝产生的许多反应（或是父母认为宝宝可能会有的感受）感同身受。如果把这些反应全推给宝宝，就太小看这些问题了。宝宝之所以会有这些反应，有可能是因为父母的个性，也有可能是因为宝宝自己的缘故。

苏和迪伦都是新手爸妈，他们把小摇篮放在床尾，马修4个月大时，睡眠质量一向很好，半夜通常都不需要喂奶。但苏发现，当马修离她太近时，她无法睡觉，因为她会时时刻刻注意马修的每个举动和呼吸声。苏和迪伦都认为晚上需要离开马修，给自己多一点的时间和空间。他们最近刚搬家，马修的房间还有点简陋，他们搬进去的第一个晚上，马修就醒来了三次，心情非常不好，也很难哄他入睡。

这种情况持续了1周，苏和迪伦都非常愁苦失望，同时也不了解马修为何难以入睡。他最近开始吃辅食，因此他们怀疑这和马修晚上难以入眠的情况有关。当他们坐下来讨论这个问题时，发现彼此心中都有罪恶感，都对把马修挪到另一个房间去睡觉担心不已。他们一想到马修自己在另一个房间，就感到很难过，心中会想象他大概觉得自己不受父母疼爱并遭人嫌弃。苏坦白自己不喜欢新房间，她曾经在晚上一边喂母乳，一边看着破旧的墙壁，心中觉得自己实在很可怜。

上面的情形似乎是因为父母让马修独自睡在另一个房间而产生了罪恶感，这又影响到了马修的反应。如果他们对马修的新房间不满意，就不可能说服马修去喜欢它。等苏和迪伦把心中的忧虑以及对马修搬到新房间的感受说出来以后，迪伦在马修的婴儿床上方贴了一些照片，夫妻俩也渐渐感到比较平静了。令他们更松了一口气的是，在新房间哄马修入睡马上变得简单多了。2天以后，马修又和往常一样一觉到天亮了，苏和迪伦也能够再度享有自己的房间了。

很显然，这两张照片本身或许对马修不是那么重要，但对父母来说却意义非凡。这个新的发展对马修或许有实质性的正面意义，而不只是失落。在面对新的分离状况时，要完全解读哪些反应来自宝宝，哪些来自父母是完全不可能的，因为在这些反应当中，有很多是两者兼具的；但是可以帮助父母厘清自己的感受，知道它们可能会影响我们看待宝宝感受的角度。其实，有很多事情是需要靠宝宝自己去探索的。其中，在慢慢脱离父母以后，宝宝可能会感到孤单难过，却也因此可以获得新的机会和新的乐趣。

宝贝，拜托不要哭了

父母对于哭个不停的孩子该怎么做?

大部分父母总会在某个阶段挣扎于要不要把宝宝放在床上任他们哭泣直到他们睡着为止。这个过程有个很酷的名称——“控制哭泣（controlled crying）”。就跟其他各种形式的分离一样，在这种情况中，情绪扮演了很重要的角色。有些人觉得这种做法太可怕了，想象这样的过程就是在冷酷地“控制”宝宝，让她哭到睡着。有些人正好相反，他们批评那些马上就会抱起宝宝、整个晚上安抚宝宝的父母实在是不可救药，是在溺爱宝宝。父母既然无法克制自己冲向正在哭泣的宝宝身边，简直就是“自讨苦吃”。不管是哪一方，或许他们对自己的立场也有所质疑，不过都会带着怀疑的眼光看待另一方。父母觉得应该采取某种正确的做法，但通常又不太确定这样做对宝宝有什么意义。

这个议题又让我们回到了马修搬到新房间的例子。每天晚上，马修可能都会感受到父母把他抱到床上睡觉时有什么感觉，因为父母把宝宝放进婴儿床时的方式、亲吻他们道晚安或是跟他们说话的方式，会把自己内心最深处的感觉传递给宝宝。如果我们对此深信不疑，那么控制哭泣是否有效就跟宝宝本身的个性、对这种分离的感觉以及这个“控制哭泣”系统本身的优点有关。父母如果能够说服宝宝相信父母对自己的做法是有信心的，父母可以处理好每次的分离，那么这种做法会比较有可能成功，不过要做到这一点可以说是知易行难。

即使是成人，很多人也会发现，在白天比在黑夜更容易处理内心的焦虑。有些人或许还记得自己儿时对于黑暗的恐惧，我们会做噩梦、感到孤单或是焦虑。当我们面对宝宝夜晚的不安或焦虑时，许多人都发现自己很难用大人的眼光来看待这个问题。但如果是在白天时，情况可能就有所不同了。

莎莉独力抚养女儿提雅，她很喜欢和女儿睡一张床，因为她可以整晚哄提雅，和她紧紧依偎在一起。但提雅5个月大时，莎莉决定让提雅自己睡婴儿床。提雅一点都不领情，当莎莉把她放在婴儿床里时，她会放声大哭，而且越来越烦躁不安，因为她再也无法回到妈妈身边睡觉了。看到女儿的反应，莎莉的心都碎了，但她认为既然已经做了决定，就要坚持到底。“控制哭泣”听起来似乎是相当合理的做法，但每当夜晚一分一秒地过去，提雅也越哭越伤心，莎莉觉得自己实在无法忍受。她觉得如果再这样下去，提雅会受到一辈子都无法抹灭的伤害。莎莉觉得自己没有其他选择，只好让提雅再回到大床上睡觉。提雅一回到大床，马上就能平静下来。莎莉觉得自己遭遇了重大挫折，她生气地想为什么没有人跟她说这个过程这么困难。

这样的例子相当常见。对所有父母来说，在夜晚安抚哭泣的宝宝可以说是最具挑战性的工作之一，甚至比控制自己的情绪都难。如果父母双方能在一起讨论，比较有可能为彼此打气，帮助对方度过感到困扰的阶段（只要他们在筋疲力尽时不会把情绪发泄到对方身上）。但就算有别人的支持，当你听到宝宝的哭声，当你知道其实只要你一抱他，或让他和你同睡一张床，或给他喂奶就能安抚他，却得逼迫自己什么都不做时，仍是违背天性和本能的。

贴心小叮咛

只要妈妈不离开太久，6个月大的宝宝已经不需要妈妈24小时都陪在身边了。

正如上面的例子，我们会发现，大部分的

宝宝都需要在情绪上设立界限的协助。宝宝对自己有一些基本的认识，但绝对不太可能知道自己是否已经做好准备来面对分离，不过宝宝倾向于假设自己还没办法做到。父母也不太确定宝宝能够做到什么程度，但可以从经验判断，把眼光放远，来评估他的成长潜力。听到宝宝的哭声，尤其是在半夜的时候，让父母不心软实在很困难，但父母也常因此被宝宝的情绪牵着鼻子走，动摇了自己的立场。

莎莉后来询问了护理人员的意见，他们建议一步一步来，包括哄宝宝，给宝宝安全感，同时千万不要让宝宝在独处的时间超过她所能忍受的范围，却又得严格遵守原则，不能再让女儿回到大床和她一起睡觉。在护理人员的协助下，莎莉也不再觉得自己跟提雅说“不可以”时是残酷的了。提雅最后虽然也和莎莉奋战了一番，但她至少还是接受了新的游戏规则。

有时候，父母必须在宝宝面前坚持大人应有的立场，虽然知道宝宝可能相当焦躁和恐惧不安，但我们得稳住阵脚，不要让情绪受到影响。要做到这一点相当困难，大部分人都需要协助才有办法做到。但如果做得到，情况将会大为改观。对宝宝和父母来说，如果可以理解不是每个人都会深陷于孩子气的情绪中，也就是说我们真的相信没什么好怕的，而且一切都会越来越好，那么对夜间分离的焦虑会变得较容易处理。

宝宝对于哭泣这件事是怎么想的？

让我们从宝宝的角度想象这整个过程——父母居然让宝宝一个人独自哭泣，就算只有几分钟，他们也会感到相当震惊。当宝宝烦躁不安，希望妈妈抱他起来、哄哄他或喂他奶时，看到妈妈离开当然会引发相当强烈的反应。情绪反应的强烈程度会依宝宝的个性和母子关系的紧密程度而有所不同，但负面情绪一定会出现，包括愤怒、生气、恐慌和困惑，等等。通常，这些负面情绪会随时间的流逝而一点一滴地继续累积，但是妈妈仍然没有回来。

如果父母只是让宝宝独处一小段时间，她就可以一点一点地学会面对这个情况，自己找办法度过这个阶段。刚开始，当妈妈不在身边时（就算只有很短的时间），宝宝可能很快就会焦躁不安起来，因此宝宝非常需要妈妈出现，来让他感到心安。等宝宝几个月大时，通常已经可以开始尝试独自面对妈妈不在身边的事实了。只要妈妈不离开宝宝身边太久，他就可以靠思考和记忆帮助自己度过这段时间。

宝宝会希望在他开始感到不安的第一时间就看到父母，父母可以立刻哄他、满足他的需求。不过若宝宝知道父母就在不远处，而且不会让他太突然地单独面对负面情绪太久，就会发现即使父母不在身边，他也可以开始安抚自己。当然，这个过程是无法一下子完成的。有时候宝宝还是会感到害怕，觉得自己做不到。这就是为什么父母需要随时注意宝宝的感受。必要时，得尽量多回去看看宝宝，确定他一切安好，我们就在身边，可怕的事情不会发生。大部分父母都可以分辨宝宝愤怒和抗议的哭声，以及无助或是恐慌的哭声之间的不同。因此，宝宝可以很快地知道爸爸或妈妈会在他需要时出现。

假如宝宝知道我们随时掌握着他的状况，也很有把握地知道宝宝能够独自面对，宝宝通常就会从经验中发现，事实并没有错。对父母来说，最难的就是帮助宝宝学习伤心、愤怒或是孤单，无论他们当下的感觉有多强烈，这些情绪并不会对他的生命造成威胁，无论宝宝在半夜表现得多么悲惨和愤怒，仍然会在隔天早上睡醒之后给你灿烂的微笑。

贴心小叮咛

对父母来说最难的工作就是帮助宝宝学习伤心、愤怒或是孤单。

6个月大的宝宝开始会思考

第6个月结束时，有些宝宝已经开始会自己坐了。大部分宝宝喜欢的人越来越多，对不同的声音、表情以及这个世界的兴趣也越来越浓厚。他们看起来好像要把整个世界踩在脚底，展现自己的重要性和傲气。这些都既令人感动，也让人觉得窝心。对父

贴心小叮咛

第6个月结束时，有些宝宝已经会自己坐了，代表他们开始发展社交能力了。

亲、祖父母和兄弟姐妹们来说，这个阶段是令他们相当兴奋的，因为宝宝已经准备好和他们发展更深、更有意义的关系了，他已经能够发现每个人都不一样，也能够带给他不同的乐趣和兴趣了。

6个月大的宝宝比过去几个月更注意自己的感觉，他可以非常生气，也可以非常可爱、深情款款。前几个月对世界的粗浅印象现在已经被更成熟和更复杂的感受所取代。宝宝已经开始为自己着想了，他可以享受独处的时间，躺在婴儿床里看着旋转音乐玩具或是因为窗外的景色雀跃不已。他知道自己什么时候肚子饿，什么时候肚子吃得饱饱的，他会对妈妈生气，喜欢奶奶，会因为新发现而感到兴奋，会担心独处，等等。他再也不会因为生活中的新鲜事而困惑不已，也不会任由心中纷乱的感觉摆布或因突发事件而受到影响。他已经有了一个安全堡垒，内心也有越来越多的资源，他可以带着与日俱增的信心和安全感来探索这个世界。

第四章

宝宝6—12个月大

这个时期是父母最快乐的阶段之一，因为这时的宝宝可以很清楚地表达自己的快乐、幽默和热情；心情不好时，他们也会用有效的抗议方式来表达心中的不满。

在此阶段，宝宝开始长牙了，也会嫉妒了，会想尽办法地引起大人们的注意，喜欢当指挥者指挥大家。这个时期的宝宝似乎意气风发，但从高处跌落地面而导致心情起伏也是时常发生的。

父母要如何看待和处理宝宝生活里的跌跌撞撞呢？

还有的父母会担忧自己的宝宝长得比别人慢，会的东西也比别人家的宝宝少。看专家怎么说。

宝宝的新发现

宝宝在6—12个月大时发生了巨大的转变。之前宝宝只能让人抱着去接触或是观察这个世界，现在他活泼好动、充满探险精神，有自己的想法和计划。许多父母发现，这是宝宝最快乐的阶段之一，因为他们已经可以使用所学的新技巧来展现生命的喜悦了，同时也渐渐能够表达快乐、幽默和热情了。当他心情不好时，也能够用有效的抗议方式来表达心中的不满。

> **贴心小叮咛**
>
> 6—12个月大的宝宝渐渐能够表达快乐、幽默和热情；当他心情不好时，也能够用有效的抗议方式来表达心中的不满。

正如我们稍早所看到的，在早期阶段，父母和宝宝的情绪是紧密相连的，因此要分辨父母和宝宝的情绪非常困难，因为他们互相影响。到了这个阶段，宝宝对自己的情绪有较多的认识，同时已经能够注意到周遭的人也有不同的情绪了。宝宝的情绪深受父母心情的影响，但宝宝自己完全没有察觉。现在，他们意识到了自己是独立的个体，因此学会了慢慢观察、学习、思考其他人的心情和行为。这个阶段的宝宝已经准备好发展更复杂、更具挑战性和更有成就感的关系了。

婴儿期早期强烈和极端的情绪和起伏不定的心情，将持续对宝宝第一年的生活造成影响。但宝宝原来简单又极端的感受现在已经不一样，他对自己有了更深一层的认识。到了6—12个月，宝宝更能够统合思想和感觉了，对自己和别人有了比较一致和细腻的看法。

贴心小叮咛

6—12个月大时，宝宝已经开始慢慢观察、学习、思考其他人的心情和行为了。

贴心小叮咛

宝宝第一年的心情是忽冷忽热、忽上忽下的，所以爸爸妈妈要多一点耐心撑住。

从内在去认识自己

一开始，小宝宝可能只会对本身以外的一些未知力量表达喜欢和厌恶的感觉。当他肚子饿、疲倦、寂寞和疼痛时，会表现出好像有什么坏事发生在他身上一样。父母会发现几周大的宝宝用恐惧的眼神看着他们，好像他真的遭受了攻击一样（无论是肚子疼、恐慌，还是突如其来的饥饿感）。但当他越来越了解自己时就会发现，并不是所有好或坏的情绪都来自自身以外的力量，在他内心就有这两种感觉存在。他可以感觉受到了攻击和愤怒，也可以感受到爱和热情。宝宝已经不再仅处于被动的立场，现在他比较会扮演主导的角色，也比较独立，并会渐渐认识到人性的其他部分，比如，发现自己的能力有限、自己那令人不悦的破坏性冲动以及基本的人情味。

我的妈妈怎么不一样了?

当宝宝渐渐开始认识自己时，他也正在认识自己的爸爸和妈妈，并发现他们也有相当复杂的思绪，而且也会犯错。正如我们之前所看到的例子，小宝宝不太知道自己的妈妈是独立的个体，同时具有好和坏的特质。那时候，妈妈对宝宝来说并不只是一个人，而是全世界。若妈妈在宝宝有需要时出现了，她就是美好的代名词。若妈妈不在身边或是没有把宝宝的负面情绪带走，她就变成了可怕的代名词。现在，宝宝渐渐发现原来妈妈也是完整、独立的个体，有不同的个性，能够给他带来爱、营养和欢笑，但也可能会出现冷漠、不好惹的那一面，或未必能了解他的需要。宝宝会知悉妈妈会时刻发生变化，但基本上还是同一个人。

所有这些发现对宝宝来说都是相当大的挑战。有时候，随着人际关系越来越复杂，宝宝也会感到痛苦和忧虑。因为他眼中完美又有求必应的妈妈已经渐渐不存在了。他带着纯洁无瑕、毫无保留的爱所注视的那位完美人物，现在会有意无意地消失，或是在事情不顺利时变得很差劲。尽管如此，这个版本的“妈妈”还是很难令宝宝放弃的。从不同的角度认识妈妈，或许对宝宝长远的成长是件好事，但也有可能让他失望并威胁他的心理平衡。如果实在太难熬，大部分的宝宝都会想办法来冲淡那种感觉，方法之一就是心中浮现理想的母亲形象，来帮助自己度过这个难熬的时期。

面对这些改变时，宝宝心里可能很难受，需要父母为他们设立一些界限。借着丰富的经验和同情心，父母可以用某种语言让他们了解这些新的感受。如果父母的立场坚定一致，等于告诉宝宝，他即将感受到的“危机”是有限度的，无论这些“危机”来自外在世界还是自己的想象。

嗯，长牙了

如果上述挑战对宝宝还不够多，那么他在这个阶段还得面对另外一个挑战——长第一颗牙。许多宝宝长牙时会感到疼痛，也会变得比较烦躁不安。此外，在长牙的过程中，宝宝的情绪也要做些重大调整。就像他刚刚发现自己和其他人一样具有尖锐和攻击性的特质一般，自己那一直那么柔软的口腔就这样突然长出了一个既坚硬又尖锐的东西。嘴巴对宝宝来说一直都是很重要的一部分，因为宝宝靠它探索、喝奶和哭泣，因此长牙势必带给他强烈又困惑的感觉。宝宝不再有吸奶的冲动，他渐渐喜欢咀嚼东西，因此父母经常会看到正在长牙的宝宝强迫性地把东西塞进嘴巴，脸上则带着既严肃又担心的表情。在宝宝习惯

> **贴心小叮咛**
>
> 有些宝宝在长牙的过程中会感到疼痛，给他凉凉的固齿器，会让他舒服些。

这些新现象和不舒服的症状之前，需要很大的调适，之后才能开始享受吃东西和牙齿所带来的其他乐趣。

嫉妒的毒苹果出现了

现在，宝宝已经非常了解他的妈妈是一个独立的个体了，也开始第一次体会遭到“冷落”的感觉了。当自己所爱的人因为与他人的关系而将自己晾在一旁时，宝宝体会到了嫉妒带来的刺痛感。他也发现父母之间讲话的方式和跟自己讲话的方式不一样，当他希望引起父母的注意时，他们却在聊天。有时，在他上床睡觉以后，兄弟姐妹也没经过他的允许就聚在一起玩闹。家里有朋友来拜访时，大家的注意力都被占据了，以宝宝不了解的方式一起聊天、一起欢笑。这时宝宝或许会反应强烈，也想要加入，他会跟着笑，跟着咿呀学语，仿佛自己也能参与其中。但有时候，宝宝也会因为大家忽略了他而感到生气或焦虑；他或许会在睡前突然开始表达抗议，或是在半夜醒过来，不希望自己置身事外。他或许会对某些访客没兴趣，认为他们是不速之客，不是可以和他玩耍的人，他甚至会在妈妈和某个人聊天时大声尖叫。

有些父母注意到这个阶段的宝宝有时会有一种新的悲伤的特质出现。也许在某些时刻，我们会看到宝宝挂着一副凝重甚至忧郁的表情，或听到隐隐哭泣的声音。当爸爸或妈妈不在身边时，宝宝会表现出思念之情，也对其他人的来来去去相当敏感。

爱极了的游戏：珠宝盒

当宝宝的情绪世界有这么多变化时，他在生理和心智方面也有所成长，他带着永无止境的好奇心，无时无刻不在实验和探索。宝宝在6个月或7个月大时会在没有人协助的情况下坐起来。这是一个重要的改变，代表他将进入能直立起来、交际性更强的阶段了，他对世界的好奇和幻想也即将起飞。许多宝宝在这个阶段很喜欢看到在他们眼前摆着一个装有很多东西的箱子，也就是所谓的“珠宝盒”，这样他们可以从里面拿出许多大大小小的令他们感兴趣的东西。他们会用牙齿或是牙龈测试它们，把东西并排摆在一起，或者把一个东西放在另一个里面或围在另一个周围，看看它们是不是可以组装在一起或是用一个东西敲击另一个，就想看看如此一来会发生什么。

游戏对正在成长的宝宝至关重要。就像他会选择某些东西，把它们装在一起，或把一个装在另一个里面，或是把它们压扁看看会有什么结果。在游戏过程中，宝宝会产生不同的感觉，发现不同的关系和互动，观察会发生什么事，产

贴心小叮咛

游戏对正在成长的宝宝至关重要。

生什么结果，以及某些人有某些行为时会带给别人什么感受。当宝宝可以按自己的步调和有意义的方式一点一滴地消化人生时，比较不会产生恐惧和困惑的感受。其中最经典的游戏就是躲猫猫，因为它可以让宝宝在有控制的场景下了解分开和重聚的感觉。其他人的消失和再度出现；噪声或是突如其来的大喊大叫；小孩的脸孔突然出现又消失；家猫突然猛扑过来；突如其来的温柔亲吻……这些可能让人感到困惑或是情绪失控的全新的经验逐渐在宝宝的活动范围中出现，而他会像个科学家一样潜心研究并苦苦思索，就像研究他的玩具一样。

贴心小叮咛

最经典的游戏就是躲猫猫，它可以让宝宝在有控制的场景下了解分开和重聚的感觉。

想尽办法引起大人的注意

6个月以后，宝宝和外在世界已经有了较多的接触，想要和其他人互动。当然，他们还是喜欢随时有父亲或母亲在身边。他们会开始了解一些词语，玩自言自语的游戏，喜欢别人对他们有所回应：首先他们会发出或是模仿某种声音，之后会“假装”在讲话或是喃喃自语。他们正学习扮演某种角色，他们可以对人产生某些影响，也可以让某件事情发生。比如按下玩具的按钮或是

贴心小叮咛

6个月以上的宝宝在语言方面已开始了解词语，会玩自言自语的游戏，并喜欢别人对他们有所回应。

把堆得高高的积木推倒会有立即的效应一样，宝宝发现他们的行为可以对周遭产生作用，尽管不是很戏剧性的影响。就像他们开始对自己的感觉和经验产生兴趣一样，这个年纪的宝宝开始注意别人的情绪了，会尝试引起别人的某种特定反应。

哭声

宝宝最早引起别人反应的方式就是制造哭声。新生儿会不自觉地哭泣，完全不知道自己可以影响身边的大人。他有避免身体疼痛的冲动，但很快，他就知道哭声可以产生某种效果。6个月以上的宝宝是相当微妙的生物，他慢慢学会了观察自己的行为是如何影响照顾他的人的，以及如何根据这些观察来反应。到了七八个月大时，宝宝的妈妈如果累了，他甚至能找到使妈妈“打起精神”的方式，他知道哪些游戏或是有趣的搞笑行径会让妈妈高兴。同样地，思绪暂时飘到其他地方的爸爸也会突然意识到自己正和一个非常活泼好动、不怕危险、总是有办法马上引起别人注意的宝宝在一起。宝宝以这样的方式发现父母的情绪的确会有波动，同时会想办法去应对。然后，他们也发现有些事情是可以掌控或是可以施加影响的，有些则是无能为力的。

尖叫声

乔治在9个月大时开始会用震耳欲聋的尖叫声对周遭的人产生影响。那时他们全家搬到了新的公寓，大人们不想惹恼隔壁的新邻居，他的爸爸约翰描述了乔治是如何翻新他的技巧的。乔治开始每天晚上醒过来很多次，这样爸爸或妈妈就得起来照顾他，只要他们想离开房间，他就会发出最刺耳的尖叫声。

> 他会用尽吃奶的力气尖叫，几乎快把我的耳朵震聋了，大概整条街都听得到他的声音。之后他会停止尖叫，用一种很得意的表情看着我，非常有把握我拿他一点办法都没有。

乔治刚开始或许是真的需要在新环境中获得安全感，但他刻意的尖叫声显然给了他绝佳的机会对父母施加影响。宝宝就是有办法知道父母心里在想什么，当他们不舒服或烦躁不安时，也会让父母感同身受。乔治或许对父母搬家的事没有任何决定权，但他可以让父母知道眼看着别人掌握所有决定权时是什么感觉，宝宝就是有这种天赋。虽然乔治的心中有所不满，但他的父母可以从中看出他的幽默感。因为乔治太过分了，于是他的父母厚着脸皮和邻居打了招呼，说要改掉乔治的行为，请他们容忍几天。他们坚持住了；乔治一连数晚表达意见无果以后，终于安定了下来。

笑声和玩笑

就像乔治有时候会用各种方式展现他的权力一样，有时候宝宝也会采取比较软性的手法。贝琪在10个月大时会平躺在地上像小婴儿一样起劲地踢脚，来博取父母的笑声和亲吻。就算是再小的婴儿，看到父母或是哥哥姐姐奇怪搞笑的举动也会显得相当高兴，而到了这个阶段，宝宝也知道该怎么取悦别人了，他喜欢比较有难度的笑话、奇特荒谬的情况和游戏。

笑声和游戏是宝宝生活的中心。初次听到宝宝的笑声是相当令人兴奋的体验。他现在已经具备取悦他人、引人喜爱、大笑以及让其他人发笑的天赋，也可以和妈妈或其他人分享游戏，这也显示出妈妈和宝宝之间的关系已经不再那么紧张或那么以需求为出发点，也不再那么具有排他性。在轻松的氛围中，宝宝能够享受用全新的、令人期待的方式和妈妈及其他人相处。

宝宝的胜利和失落

宝宝在7—12个月大时会继续建构对他而言最重要的人的样子，同时如我们在上述例子里所看到的，建构自己的形象。在这个阶段，他已经对自己的能力范围和限度有比较理性和平衡的认识。事实上，他现在对自己可能充满强烈的矛盾信念，从以为自己无所不能到完全无助的痛苦。不久之前，他还是非常娇小的婴儿，处处需要依赖他人。但当他开始发现自己内在与生俱来的能力以后，他会很快地开始运用这些能力，直到超乎他所想象的范围。这一强一弱之间的落差，让宝宝感到非常困惑，他想象中的力量和他实际可以做到的也让宝宝处于相当微妙的立场。

把自己当作国王般地指挥大家

没有人能比宝宝表现得更自视过高与尊贵全能了。宝宝会在客厅中央抓着从高处垂吊下来的秋千晃来晃去，知道自己是众人瞩目的焦点。他懂得指挥的乐趣，大人得乖乖地听他发号施令，仿佛只要他发出“我要”的命令，就可以快速取得想要的东西。宝宝会把玩具拿去给一屋子的大人，相信收到礼物的人一定会非常感谢和顺从。他会伸出手去要求人家抱抱，完全相信对方会百依百顺，这些行为给他带来了一种全能的光荣感。这个阶段的宝宝知道如何使用权力，如何摆脱他的无助，也知道如何享受完全占据主导的时刻。

想做却做不到的沮丧

一旦从无所不能的状态跌下来，情况可是相当惨烈。宝宝认为全世界都被他踩在脚底下，但他同时无法捡起近在眼前的饮料。他觉得自己可以用双手撑起自己的身体，骄傲地微笑，享受旁观者的掌声和赞赏，却得努力去承受上半身的体重。经过一番努力，他的手臂还是屈服了，他整个脸都伏贴在地板上，他的肚皮贴地，无法动弹。有时候，就算看到喜欢的玩具也拿不到，只能后退，无法前进；或是就算真正踏出了奇迹般的一步，心中刚刚浮现乐观的景象，但突然间地毯一滑，他又栽了跟斗。

宝宝的生活充满两极化的状况。在其中既能取得很多进步，也有很多新乐趣，但一路走来也有数不尽的意外难关。宝宝会经过试验犯错的微妙过程，在成功和失败的快速交替间仍保持自尊。6个月以上的宝宝或许不会记得他早期的婴儿生活，但无助的经验可能让他们永难忘怀；好像在他们内心的某个角落，还是会记得在很小的时候得完全依靠别人帮忙才能生存的情况。在许多方面，这些记忆早被抛诸脑后，但他并不会全盘忘却。当肚子很饿、感到寂寞或害怕时，就算是更大的孩子都会有点失控，仿佛又回到了婴儿期，肚子饿时渴望奶嘴或是乳头，但无论如何都得不到。这个阶段的宝宝会非常努力地维持自己的定位——介于非常无助和站在“世界之巅”的危险的愉悦之间。

面对宝宝的跌跌撞撞，父母该怎么做？

看到挚爱的人一路跌跌撞撞是非常窝心的——有时有点搞笑，有时又非常折腾人，全视情况而定。有时也取决于父母忍受挫折的能力，以及我们能在多大程度上允许自己——不只是宝宝——只是一个有喜怒哀乐的平凡人。看着宝宝经历胜利和屈辱，无论父母的心里有多少挣扎，宝宝都需要父母非常敏锐和细心的照顾。

给宝宝提供偶尔可以掌控的环境

从宝宝一出生，父母的角色之一就是给他提供偶尔可以掌控的环境。哭泣时有东西吃，随手就可拿到玩具，这些都会让他觉得自己很厉害，甚至觉得自己无所不能。宝宝从一出生就非常需要这类经验，以建立自己的能力和信心。举例来说，3个月大的宝宝如果可以在喝奶或喝完奶时把玩乳头或奶嘴，一会儿把它含进嘴巴里，一会儿又吐出来，证明他们有办法让乳头或奶嘴进出自如，对他们来说有很大的乐趣。对大部分的妈妈来说，这些也是相当珍贵和令人感动的时刻。我们凭本能就知道宝宝需要这些经历，无法一次面对太多的挫折或是无助。

不能让宝宝觉得他可以无法无天

但当宝宝自以为是，误以为自己真的无所不能时，他也需要知道大人们不可能让他无法无天，无论他如何挑战极限都一样。

杰克在11个月大时想要把手放在电视机上，他带着期待的眼神看着妈妈，心里正等着她说:“不可以!”当妈妈真的这么说了时，他会很兴奋地一直笑，整个人高兴得手舞足蹈。几分钟后，他又会把手伸出去，期待着妈妈做出同样的反应。就像大部

> **贴心小叮咛**
>
> 父母可以为宝宝设定安全的范围，让他尽情探索狂野的感觉和冲动；而当宝宝太离谱时，则要加以制止。

分游戏一样，乐趣的一部分在于知道游戏规则是什么，看到预期中的反应可以使紧张的气氛有所舒缓。

或许杰克跟许多同龄宝宝一样，喜欢证明妈妈是值得信赖的对象，可以为他设立界限和游戏规则，使他有安全感。虽然宝宝跟幼儿和青少年一样也会抗议，不断挑战底线，当守住界限时，他们会有松了一口气的感觉。父母应该认真看待宝宝的愤怒。但当我们协助宝宝在自己脆弱的感情方面设立界限时，我们也会让他们知道无论自己多么生气，或觉得自己有多棒，我们都不会让他们骑到头上去。作为发号施令的老大，在当下感觉很好，但如果宝宝开始觉得自己可以指使我们，那他可能很快就会焦虑起来。我们可以为宝宝设定安全的范围，让他探索狂野的感觉和冲动，让宝宝知道，当自己太离谱时，会有人站出来加以制止。

鼓励宝宝多冒险、多探索世界

随着宝宝渐渐长大，我们也要适应转变。我们已经习惯为宝宝拿他们想要的东西，在第一时间满足他们的需求，有时会听从他们的命令。但我们所扮演的角色也会面对新的挑战。面对渐渐长大的宝宝，我们必须给他们更大的活动范围，多鼓励他们。当

贴心小叮咛

即使是12个月大的宝宝，也有潜在的独立本能，父母要学着放手。

贴心小叮咛

当宝宝学爬的时候，可故意把球放在他们拿不到的地方，当他们在玩某个玩具感到挫折时，先不要管他们，让他们体会一下什么是挫折和沮丧，让他们知道这些都是可控的。

他们学爬的时候，要故意把球放在他们拿不到的地方，当他们在玩某个玩具感到受挫时，先不要管他们。也许他们会带着怒气看着我们，但当他们靠自己得到了想要的结果时，通常都会很欣喜。父母可以很温和地帮助他们认识挫折和沮丧，让他们知道这些都是可控的，同时自己有能力攻克难关。我们让宝宝获得了独立思考、独自面对一切时的乐趣。

令人惊讶的是，鼓励宝宝尽量发挥潜力、多冒风险、多独立完成某项工作、多探索世界、远离母亲的保护伞的人，通常都不是妈妈。宝宝成长和独立的过程总是让妈妈喜忧参半，从而会比较保护宝宝，或是紧抓住他们个性中比较脆弱的部分。相对来说，爸爸通常会轻松以对，他们和宝宝玩的游戏更粗鲁、更充满挑战。不同的角色代表两股势均力敌的力量之间永恒的拉扯：一边是想和妈妈永远保持亲密与感觉安全，一边是“爸爸”或其他人所代表的外部世界的引诱——那是一个冒险的国度，意味着风险与渐渐独立。

放手让宝宝去成长

这个阶段的宝宝的容忍度相当令人惊讶。尽管一再失败，但他们想要继续成长的动力让人赞赏。有些宝宝在追求目标时比较有毅力，不屈不挠，能够面对遭遇的挫折和不耐烦。有些宝宝则对往前迈进成长显得比较松散，这或许是天性就比较缺少动力的缘故。他们会在每个成长阶段都逗留比较长的时间，直到完全准备好为止。当父母希望他们赶紧达到下个里程碑时，他们似乎对自己的步调很怡然自得。

当事情进展得不顺利时，宝宝们很有办法转移注意力。如果他们无法做到某件事，会很快找到其他可以得心应手的事。莉雅在9个月大时非常努力地学习爬行，却功败垂成，因此她感到非常受挫，士气低落。但她并没有哭，她突然指着唾手可得的玩具，然后捉住它并发出了雀跃的叫声，好像那是她梦寐以求的东西。同样地，当宝宝和爸爸或妈妈相处得不好时，她也会把焦点转移到另一位对象身上，包括阿姨、其他家庭成员或是友人，甚至是完全陌生的人，以获得最佳的结果。

这种冲动对宝宝很有帮助，他们开始运用现有的资源来达成权宜之计了，这至少可以帮助他们渡过难关。我们当然不会期待或希望宝宝能够尽量避免遇到挫折或是逃避困难，但如果可以稍为喘一口气，还是很好的。

贴心小叮咛

宝宝最令人印象深刻又令人感动的能力就是可以原谅让他们失望的东西和对象。

宝宝最令人印象深刻又令人感动的能力就是可以原谅让他们失望的东西和对象。前一秒钟，他还觉得某个玩具很讨厌，气冲冲地对着它大吼大叫；后一秒钟，宝宝可能又把它捡起来然后又亲又抱了。

为什么我的宝宝做不到？

宝宝很容易和其他幼儿感同身受，别人的成功好像就是他自己的光荣，别人的跌倒也让他们感到失败。有些宝宝比别人有上进心，有些父母也天生比较有好胜心，因此无论是有意或无意，都会对宝宝有比较高的期待。许多父母会鞭策自己的宝宝要继续努力学习新技巧，才能达到新的里程碑，这样他们才跟得上或超越同龄人——虽然宝宝自己似乎不怎么在乎。

乔治娅在9个月大时一点都不想取得任何进步，她只想坐着——这是她最喜欢的姿势。她的妈妈西尔维亚有空就带她去参加一个母子团体的活动。有一次，西尔维亚发现其他小朋友都已经会爬或是会挪挪屁股了。

> 我们把宝宝放在脚边，坐在那里聊天，在我不注意的时候，其他四个宝宝都已经不见了。乔治娅仍独自坐在那里，玩她眼前的玩具。我突然有种强烈的感觉，可以说是丢脸的感觉："为什么我的宝宝做不到？她有什么问题？"我知道乔治娅和往常一样快乐，自己玩得很高兴，完全没注意到别人，但是这的确让我很困扰。

回想这段往事时，或许西尔维亚想起了自己的生命中突然落后于人的时刻，看到别人都往前走了，自己却落在后面，感觉很失败。任何人心中都可能有这种感受。当我们很在意宝宝的表现时，其实真相也许是我们很在意自己的童年。

贴心小叮咛

当我们很在意宝宝的表现时，其实真相也许是我们很在意自己的童年。

要接受和随时掌控宝宝生活的各个层面相当不容易。既有权力又鲁莽的小家伙常对父母发号施令，有时又会饱受打击、崩溃得需要父母的拥抱。在喜欢发号施令的宝宝身上，我们或许会突然看到某个令我们讨厌的自身的特质，这会让我们比平常更容易恼怒。或者，如果突然对宝宝的"黏功"感觉无法忍受，我们可能会发现这是因为他让我们想起了自己身上某个不愿被提起的缺点。当我们发现孩子身上有我们不想看到的特质时，那种心情是相当复杂的。我们的感觉有时会因为太强烈而掩盖了一个事实，

贴心小叮咛

孩子是反映父母内心的一面镜子。那是对孩子的期望，还是父母对自己的期望?

即宝宝可能有完全不同的感受，因为那是属于他自己的独特的优点与缺点。

第五章

当妈妈重回职场时

妈妈要重返职场，心情真是既矛盾，又充满罪恶感。最难的莫过于要如何跟宝宝说，妈妈要离开他去工作了，而宝宝能听懂、能接受吗？

跟宝宝开口说再见，真的很难，但切记，妈妈绝对不能偷偷溜走，这会对孩子的心理造成极大的阴影和伤害。

回职场工作时，一个衍生的问题就是该把宝宝交给谁来带呢？家人、保姆还是托儿所？

宝宝和妈妈又要如何度过这段痛苦的转折期呢？

本章对这些问题进行了一一剖析，分享了心情，并提出了应对之道。

在宝宝1岁或是1岁多时，许多妈妈都会返回工作岗位，并停止喂母乳。有时候，这两件事是有关联的，因为上班时是不可能喂母乳的。但有时候，这两件事是分开决定的。许多因素会影响宝宝面对这样的重大转变时的反应，包括宝宝的年龄、气质中的韧性、和父母的感情、早期面对失落或分离的态度，以及是否已经准备好对母亲以外的人产生依恋。

当然，这其中有很大一部分取决于环境和妈妈的个性，还有妈妈是否可以整合自己的资源，来帮助宝宝面对眼前的挑战。妈妈在这些时候需要面对很多问题：她是否能保持信心继续做出正确的选择，同时又抱持开放的态度看待宝宝想跟她表达的需求，以及宝宝的各种感受？她是否能够同情宝宝对失落或愤怒的感受，为宝宝承担痛苦，同时又可以处理自己后悔、难过或罪恶的感觉？妈妈是否可以在遇到困难时处之泰然，很快就能打起精神或鼓励宝宝，而不是任由宝宝难受或愤怒？尤其当妈妈重返工作岗位时，她是否能对宝宝的事情稍微放手，使其他人能有机会更接近宝宝，分享亲密的经验，例如，喂奶、帮宝宝洗澡、安抚宝宝以及和宝宝嬉戏？

在这些过渡期，妈妈难免会有失落感、悲伤、愤怒以及焦虑，但只要能够保持敏感的心思细心处理，这些感受未必会造成心理创伤。只要父母能随时掌握自己的状况，让宝宝知道他的感受可以被接受和了解，宝宝就会知道，改变和失落虽然会带来痛苦，却是可以处理的，有时甚至会制造新的机会。

重返职场，心情矛盾且充满罪恶感

当妈妈重返职场时，通常多少都会带有一些罪恶感，有时还是巨大的罪恶感。罪恶感还分为很多种，和被迫返回职场的妈妈心中的罪恶感相比，自愿选择重返职场，想和宝宝暂时分开一下，换取自己时间的妈妈心中的罪恶感是不同的。罪恶感的处理是否得当，要看妈妈获得了多少支持，包括来自宝宝的父亲、祖父母，或是朋友、同事以及临时帮忙照顾宝宝的人的支持。这些人都能帮助妈妈保持客观的态度，让她有足够的信心，相信自己仍然是好妈妈，宝宝没问题。

贴心小叮咛

有越多的人支持妈妈重回职场，妈妈的罪恶感就越少。

宝宝会有某些阶段比较依赖妈妈的安抚，妈妈通常会觉得宝宝最需要自己的时候，就是在她需要返回职场的时候。有时候，这是真的（稍后会提到），但是父母对分离的感觉会影响他们对宝宝如何处理分离的看法，也因此很难客观注意到宝宝是从何时开始焦虑的。

开口说再见，很难！

珍妮在海伦7个月大时又恢复了兼职工作。每次要和海伦分别时，她都觉得特别难受，因此认为自己或许应该偷偷地离开，不要让海伦知道她要去上班。但是当海伦知道妈妈已经离开了家时，她会非常激动，持续大哭特哭1小时。她也开始在半夜惊醒，需要多喝点奶或很多的安抚才有办法再入睡。最后，保姆建议珍妮直接跟海伦说再见，就算得面对她一大串的泪珠也没办法。珍妮很不情愿这么做，她看着海伦的眼睛，向她挥手道再见。海伦的确哭得很伤心，眼看着妈妈离去；珍妮站在外面，也忍不住掉眼泪。但出乎意料的是，几分钟之后，海伦就恢复了平静，让保姆拿玩具和饮料给她。

珍妮在学习如何和女儿道别时，或许是想回避和海伦面对面说“再见”的难过时刻。事实上，如果珍妮没有事先跟海伦说要离开就消失了，海伦的反应反而比被事先告知强烈许多。各个年龄层的宝宝都会寻求某些模式、关联和意义，使他们的世界变得比较有预测性，也比较可以应对。突然的改变或消失会使宝宝连准备的机会都没有，再次让他们的生活陷入混乱，好像又回到了刚出生时的那个阶段，总是陷入困惑的状态。就算年纪比较小的宝宝不了解“再见”的意义，仍然能够以相当令人讶异的速度通

> **贴心小叮咛**
>
> 父母在和宝宝离别时，绝对不要偷偷离开，没有说再见对宝宝来说是很严重的打击。

过其他线索去了解（挥手、拥抱或声音的语调都可代表妈妈要离开了）。宝宝越习惯分别之后再度相聚的模式，他们就越能够调整自己的步伐，熟悉分别的痛苦，同时也增加了他们的安全感，确定妈妈一定会回来接他。

或许，海伦就跟大部分的宝宝一样，只要有机会在珍妮面前直接表达心中的愤怒或不安，就比较能够面对妈妈不在的情况，知道妈妈真正了解她们内心的感受，不会丢下她独自去面对这个情况。可是当妈妈们的心情也很混乱时，情况就比较难处理了，也难怪她们总会想要偷偷溜走。假如我们能够鼓起勇气去处理混乱的思绪，而不是一味地躲避，就有机会让自己和宝宝去经历这段有点困难却很重要的过程，最后可能会发现自己其实处理得还不错。当宝宝发现父母能够包容他们的怒气和不安的情绪时，心中也会稍微松一口气。无论多么困难，父母总是会努力去接纳、了解他们，就算一切对彼此来说都很棘手也一样。

当宝宝拒绝你的时候

克莱儿在西恩8个月大时返回兼职的工作岗位。她热爱工作，但每次一到要和西恩分开时，她就感觉很难过，心中会涌起一股罪恶感。

事实上，西恩虽然在妈妈离开时会感到难过，但还是和新保姆相处得很好。克莱儿在西恩4个月大时就停止喂他母乳了，因为她实在不喜欢喂母乳，也因此常感到罪恶。西恩开始吃辅食时，克莱儿觉得自己可以烹煮西恩最喜欢的菜色来“做些补偿”。因此，喂辅食成了他们都很喜欢的特别时刻。在克莱儿返回职场的1周后，她注意到西恩对他本来很喜欢的菜色变得不屑一顾了。

> 我记得，有天早上，我正在做西恩最喜欢的防风草地瓜面包，我喂他吃了一口，但他试了一口以后就不愿再吃了，并露出了讶异的表情，好像那是全世界最恶心的食物。他咬了一会儿，表情也不停地变化，我的心情一直吊在半空中，我站在那边等，问他：“要再吃一口吗？还是不要？喜欢吗？”他笑了起来，开始快乐地咯咯笑。我松了一口气，我们终于又恢复了平常的样子。几分钟之后，他突然发出了一阵怪声，把食物吐在我的脸上，我觉得他是故意针对我，我鼓励他继续吃，而他不愿意，我越来越觉得悲惨，最后只好放弃，给了他一罐现成的东西，但是我的内心相当沮丧。

从这个例子就可以看出，无论是妈妈还是宝宝，面对改变和越来越频繁的分离有多难。西恩似乎想厘清自己对妈妈的复杂情绪。起先，他似乎想揶揄妈妈一下，因为他觉得一会儿喜欢、一会儿不喜欢某种食物很好玩，这样可以让妈妈一直猜西恩是否会屈服，让妈妈燃起一线希望，以为西恩只是在跟她闹着玩。不过，或许西恩也在尝试着表达心中的愤怒。

克莱儿显得很消沉，她很在意每件事，可能很难面对失去了和宝宝曾经有过的那么亲密的关系。但当她马上表现出受伤的感觉时，西恩反而觉得自己好像找到了使力点，可以施加影响力了。宝宝经常能够正确无误地按下按钮来激发父母正面和负面的反应，其正确率之高令人讶异，更不用说学步儿或青少年的本事了。一旦他们找准按钮，就会一直按，好像很沉醉于自己的力量。

就像若宝宝拒喝母乳，妈妈会很沮丧一样，当克莱儿发现西恩居然拒绝她准备的食物时，她也有同样的感受。虽然她当下没有注意到，但在内心深处，她也许深受重返职场的影响。在某种层面上，她可能担心西恩对她生气，觉得自己对西恩造成了太多伤害，使得西恩永远都不会原谅她。因此，如果西恩喜欢妈妈为他准备的食物，对她而言就有了很重大的意义，这代表西恩仍然喜欢妈妈并想要妈妈。

对西恩来说，或者对所有婴儿和年幼的孩子来说都一样，战胜妈妈一开始似乎会令他感到兴奋，但其实也令他们相当忧心。这些忧虑会在某个阶段浮上台面。当天下午，当克莱儿帮西恩换尿布时，西恩的心情低落，闷闷不乐。他用玩具打到了自己的脸，哭得稀里哗啦，克莱儿安慰他，后来他们和好如初。这是很常见的现象。西恩受伤之后，明显需要妈妈的安抚，这使妈妈重拾信心，知道宝宝还是爱她并需要她的。

亲子一起面对并处理分离时的悲伤和愤怒

克莱儿发现，一看到儿子不舒服就过去安抚他的做法比较简单，她可以完全确定儿子的不舒服不是因为她。这次可以确定，他完全是自找的。当父母有罪恶感时，如在重返职场或停止喂母乳等情形中，会比较无法亲身体验宝宝的感受，更容易把自己的愤怒或沮丧都归咎于宝宝，不管事实如何。在这些情况下，父母很容易觉得自己处在罪恶感的压力之下，反而无法忍受丝毫的批评或些微的、不会构成烦扰的敌意。在西恩生气和戏弄的背后，以及他各种挑战妈妈的极限的背后，都隐藏着他对母亲至深的爱意，希望她能够牢牢记住这一点。

面临各种情绪纷扰的情况，要厘清到底发生了什么事是不太可能的，更不用说要把事情做对做好了。当我们很坚强，对自己有信心时，宝宝的一丁点儿敌意或拒绝，甚至是很强的敌意或拒绝，都可以被看作为人父母必然会遇到的事，会让自己认真地面对它，却不需要太把它放在心上。宝宝会知道我们将他的感受放在了心上，因此不会感到太受伤，彼此之间的界限似乎仍保持不变。

但当我们对自己的信心不足、有罪恶感或沮丧时，拒绝就代表了完全不同的意义，宝宝突然可以对我们发号施令了。这对双方来说都是令人忧虑的，这时就需要第三者来帮助爸爸或妈妈，再度以成人的角度看事情，并分析情况。当愤怒和爱这两种情绪交替出现时，代表彼此之间的亲子关系在逐渐加深，冲突和误会在所难免。特别是在转折期，父母和宝宝都面临着让人挣扎的分离及继续成长的挑战，他们都得适应分离的时刻，处理双方心中的悲伤和愤怒。

把宝宝交给谁来带？

要让家人以外的人成为宝宝生活中的中心人物，对父母来说是相当困难的一件事。为宝宝选择适当的托儿机构的过程也经常会带来压力和不安，尤其是在宝宝还很小的时候。

乔伊描述了她在宝宝8个月大时，每周把宝宝交给保姆的心路历程：

> 保姆为人相当好，也很有经验，但我还是整天担心她是否会摔着宝宝或发生意外。我实在无法忍受保姆喂他奶，我不太确定她是否会喂他健康食品，所以通常都是我自己为他准备餐点，虽然这样会花很多时间，保姆也说过她来做就好。过了一段时间，我觉得这样实在不是办法。她真的是很有经验也是相当好的保姆，但我就

是无法放手把宝宝交给保姆。没多久，我就送宝宝去了托儿所，一切才变得没那么难了。

有时候我们把宝宝交给他人的罪恶感会转嫁到我们所托付的这个人身上。有时候，我们也不太认为宝宝和父母以外的人培养出深厚感情对我们会有什么好处，就算这些人做了些调整或改变也一样。有些妈妈，像乔伊，觉得把宝宝送到比较少亲密关系的托儿所比交给保姆好，或许因为保姆是“母亲的代理人”，容易让她产生竞争或矛盾等复杂情结，而托儿所不太让她有这方面的忧虑。

幸运的妈妈可以把宝宝交给亲近的人，或许是宝宝的爸爸或宝宝的外祖母，这样会让她们感到比较安心，宝宝也能享受和其他人的关系。无论我们选择哪种托儿方式，如果真的觉得找到了可以让人放心的照顾者，宝宝也同样感觉得到，也同样会感到安心，在面临分离的时刻，压力也会小一点。

贴心小叮咛

无论选择哪种托育方式，如果父母真的觉得找到了可以让人放心的照顾者，宝宝同样也会感到安心，在面临分离的时刻，压力也会小一点。

别担心，其他的照顾者抢不走宝宝对妈妈的爱

有些妈妈承认，很难接受宝宝和新照顾者发展出越来越亲密的关系，不愿承认宝宝喜欢这样一个新的体验机会。要妈妈放弃与宝宝专属的亲子关系是相当痛苦的事，和别人大方地分享宝宝的感情更是困难。但就像我们离开宝宝时容易有罪恶感和焦虑一样，我们忽略了无论宝宝和保姆、托儿所的老师或其他家人相处得多么快乐，宝宝都会注意到妈妈不在他们身边，这是他们很在意的事。有时候，宝宝在白天并没有任何心情不好的征兆，但在其他的预示着分离时刻，他可能会突然变得特别焦虑，例如，在睡觉前，或像西恩一样，在妈妈重返职场时会突然拒绝妈妈准备的食物。有些宝宝则会在妈妈回家时冷漠以对或是非常不高兴，甚至表现出比较喜欢和保姆在一起的样子。

我们很容易忽视这些事情之间的关联以及宝宝其实很想念我们的事实，我们尤其会一直认定宝宝很喜欢新的生活步调。事实上，宝宝的确会和奶奶、保姆或是在托儿所玩得很开心，但他还是很想念妈妈，他们表现的方式可能有很多种。有些宝宝可能在面临分离时压抑自己的情感，不愿表现出负面的情绪，默默承受现状，就算妈妈回家了也一样。通常，父母都期待宝宝会从一个模式转换到另外一个模式，希望他每次看到父母时都会送上雀跃的拥抱。但对大部分的宝宝来说，在某一个时间点会突然来一场暴风雨，当他们有了足够的安全感时，就会把内心深处的感觉

表现出来，无论是要求妈妈抱抱，还是一路又踢又叫地回家。

当然，有时候，妈妈重回职场的确会带给宝宝很多压力。有时，妈妈在宝宝无法再独自承受之前就回来了；有时，妈妈上班的时长超乎宝宝可以应对的长度。我们必须时刻开放地看待宝宝的实际情况，审慎地观察他可以处理和无法处理的状况，这是很重要的。如果可能，当宝宝需要我们时，就得改变计划。很显然，有些女性因为财务压力或严苛的工作合约而毫无其他选择，只能继续过着对自己和宝宝都不是很理想的生活。这种情况相当令人难过，也令母亲更难随时掌握宝宝的状况，因此更需要随时注意宝宝的感受，并且帮助他度过这段时期。对于重返职场的妇女来说，她们必须用一种慢慢妥协的方式重返工作岗位，例如，工作时长比之前减少一些；如果宝宝需要，在托儿安排上做些调整，好让整个过程不那么令人紧张不安。

> **贴心小叮咛**
>
> 对于重返职场的妇女来说，最好用慢慢妥协的方式重返工作岗位，例如，工作时长比之前减少一些；如果宝宝需要，在托儿安排上做些调整，好让整个过程不那么令人不安。

在重返职场的这段时间，特别是在调适的这周，一切都会比较混乱，妈妈和宝宝都会比较焦虑。有时要过一段时间才会比较安定。但是，一旦找到了平衡点，那些很能够乐于工作的女性会发现，拥有一点自己的时间反而使她们更心存感恩，更珍惜和宝宝在一起的时光。

停止喂母乳了！

许多与重返职场相关的问题，都跟停止喂母乳有关。但对很多人来说，这个问题有一个特别让人感到痛楚的部分。

妈妈通常会担心，一旦停止喂母乳，就会在宝宝心目中失去特殊地位。有些妈妈还因为不再能通过哺乳而给宝宝带来安抚、亲密感和安全感而心情低落。喂母乳通常被视为和宝宝最初的生活形成的特殊连接，代表宝宝最初与人的拥抱、喝奶、获得安全感和关爱。一旦放弃，这部分珍贵的生活似乎将永远也回不来了。除此以外，从喂母乳中获得安抚、安全感和关爱的不只是宝宝，停止喂母乳也代表母亲忍痛放弃了这项属于她的权利。

有时候，停止喂母乳是因为重返工作岗位或其他实际的考虑；但有时候，在做决定时得考虑母亲和宝宝的感受。在这种情况下，宝宝需要我们为他们坚强起来，使他们能敏锐地察觉并坚信我们认为是该停止喂母乳的时候了。因为假如我们一味地伤害宝宝的感受，就无法正视宝宝也需要我们对他们的需求和渴望加以限制。他们不会让父母知道自己什么时候已经满足，什么时候已经准备好断奶了。如果继续喂母乳（或其他替代品）超出了我们的承受范围，仍一味地把断奶的时间往后延，长远来看，对自

贴心小叮咛

如果父母有勇气坚守设立的界限，能够对宝宝说“不”，这对他们是很大的帮助。

己或宝宝都不是一件好事。正如我们所知道的，宝宝很快就会感觉到自己太强大的力量，生怕他们可以从我们身上予取予求，以为我们缺少说“不”的力量。如果父母有勇气坚守设立的界限，对宝宝是很有帮助的。这样一来，我们就可以帮助宝宝从经验中学习如何面对变化和失落了，让他们知道背后有坚强的妈妈会帮助他度过这段时间。

另外一个极端的现象是，有些妈妈太小看停止喂母乳所造成的冲击了，硬是对宝宝和自己的失落感视而不见。她们或许很快就能适应，不愿意去面对停止哺乳给宝宝和自己带来的负面影响。这样的妈妈之所以用这种方式来处理断奶的问题，是因为她们认为这样的方式更简单，并且会假设这样对宝宝来说也更简单。从表面上看，或许是如此，但宝宝也因此失去了更了解自己的重要机会。假如妈妈能帮助宝宝以比较有意义的方式讨论过渡期所带来的痛苦和复杂情绪，可以帮助他在下次面对失落感或分离的情况时，进一步理解和更好地处理失落感和分离。

贴心小叮咛

正视断奶对宝宝和妈妈的正面和负面的冲击，不要漠视这个重要的阶段。

吃奶的回忆永留心中

喂母乳告一段落也会带来正面影响，其他家庭成员或许会稍微松一口气，因为妈妈和宝宝不用因为喂母乳而整天黏在一起了，爸爸、其他的兄弟姐妹和祖父母也有机会多和宝宝接触了。妈妈也因为不需要再喂母乳，身体再次属于自己，而感到轻松，也可以重新拥有另外的生活了，和宝宝的关系则已经进入了下个阶段。有些妈妈观察到宝宝在断奶后，反而能够比较大方地表现出热情。有位妈妈形容她的1岁宝宝在断奶后，开始做出走过来亲吻她的举动了，这是喝母乳时的宝宝从没做过的事。或许，虽然宝宝被断奶了，但如果宝宝准备好了迈向下一个阶段，就算自己有点悲伤，心中还是松了一口气，甚至会感到有点自豪。

大多数妈妈都会珍藏喂宝宝奶时的记忆，就算宝宝已经断奶多年了。乔在描述她喂母乳时的经历中提到，就算在宝宝断奶4年后，她的记忆仍然相当深刻：

> 当我停止喂母乳时，心里居然不可思议地难过。事实上，我可能比宝宝还难过，花了好长时间才适应。现在，就算她把果汁从水杯里喷出来，用专注的眼神看着我，或用她特有的方式拿食物，我都会在她身上再度看到那个小婴儿的身影，让我想起她喝母乳的样子。这让我感觉如鲠在喉，好像又突然看到了那个再也回不来的

小宝宝一样。当初的宝宝已经长大成了可爱的小姑娘，我为她这一路走来所取得的进步感到骄傲。

对孩子来说，父母记得他们儿时的模样——不只是他们现在的样子，还有小时候的样子——是很重要的。当父母完全了解并记得孩子的点点滴滴时，他们会有融入感、安全感，还产生了被了解的感受，使他们可以摆脱婴儿阶段，进入幼儿阶段。宝宝可能会在内心深处——或许是在潜意识层次——记得婴儿期的无助感。同样地，她也隐隐约约地记得婴儿阶段的美好回忆，包括喝母乳时受到的安抚及拥抱的亲密感。在面临痛苦的断奶阶段时，如果知道他们心中有这种记忆，或许会让父母稍感安慰，并更深一层地认识宝宝对爱和哺育的需要，从而帮助宝宝面对往后人生的挑战。

在宝宝的成长中面对的每一个过渡阶段，无论是妈妈重返职场还是断奶，我们都担心宝宝无法忍受其中的痛苦。但就算是心情不好又焦躁的宝宝，还是会在一大早给我们一抹灿烂的微笑。无论是面对失落还是分离的时刻，对于能成功地与宝宝共同面对失落与分离，父母总带有一丝骄傲和雀跃之情。妈妈和宝宝会发现彼此都有所收获。彼此的关爱仍在，愤怒、焦虑或悲伤已成为过去。或许，父母和宝宝都比我们想象的坚强许多吧。

准备好进入学步期

宝宝快满1岁时，父母怀里抱着的不再是娇小、温暖且软绵绵的小婴儿了。当初，他就像是父母身体的延伸，会在父母肩膀上睡着，也会用温柔和信任的方式钻进我们的怀抱。刚出生时的这种亲密感已经转变成了更复杂、更深层的关系。现在所面对的是令人无法抗拒的可人儿，既爱发号施令、个性阴晴不定且易怒，又让人忍不住对他充满无限关爱。现在的他已经不只和以前不同了，他已经准备好进入学步期了。

1岁宝宝已经不再像当初那个新生儿一样无助、恐慌或是无比幸福，但这些原初的、稚气的感觉其实并不会完全消逝。这些感觉偶尔会在童年早期阶段出现，直到他远远地将婴儿期甩在身后才会渐渐消逝。等他长大成人，他将很少再有机会体验这么原始的感觉了，或许要等他有了自己的孩子之后，才会再有机会体验到。

——第二部分——

充满好奇的小东西

1岁宝宝

莎拉·古斯塔夫斯·琼斯（Sarah Gustavus Jones）

引　言

宝宝已经1岁了，也可以说经历了丰富精彩的旅程，从一出生开始，一天天长成了白白壮壮的1岁宝宝，回顾这一年的种种，也可说是不足为外人道。

西蒙的妈妈提到宝宝的第一年，记忆就像做梦一样模糊——其中充斥着各种活动和强烈的情绪变化，一些安静和愉悦的幸福时刻，以及严重的睡眠不足。有时候，新生儿的需求仿佛凌驾于一切之上，比任何人或事都重要，但父母还是非常希望能够拥有一些属于自己的时间。母亲和宝宝之间的亲密关系一开始是相当消耗体力的，但是对于弱小的新生儿来说，身体和情绪需求都是相当重要的。他们需要经常有人抱，有人喂奶，有人帮他们保持清洁，有人安抚他们。当他们睡着时，周围的人通常都已经累垮。养育宝宝可以算是世界上最难、却也最有价值的工作，不过这份工作在情绪方面的付出是超乎想象的。

宝宝在1岁时无论在生理还是心理上仍很需要依赖他人，但他们的需求和所带来的挑战已经改变。宝宝不再需要（至少不再常常需要）大人每分每秒都密切地、全神贯注地照料他。但是对父母和1岁宝宝的照顾者来说，努力去了解宝宝的需求，用有帮助的方式响应他们，仍然是最美妙、最富挑战性的工作。这就是从宝宝出生的那一天，直到他长成独立又懂得保护自己的人，这一路走来的心路历程。

西蒙满1岁时，他的妈妈说她才又有点做回了自己，而不只是“西蒙的妈妈”。虽然她很爱西蒙，也很喜欢妈妈这个新角色，但能有一些属于自己的生活，感觉还是很好的。在妈妈说话时，西蒙就在妈妈身边，坐在地板上，完全被生日派对上的种种人和事吸引了。他似乎也开始对妈妈以外的事情产生了兴趣。从他的视角和在妈妈身边的安全区内向外张望，外面的世界似乎越来越吸引人了。

1岁宝宝眼中的世界究竟是什么样子？当宝宝还无法用言语解释给我们听时，父母该如何了解他们？ **T. S.** 爱略特（**T. S. Eliot**）在《阿尼慕拉》（***Animula***，**1929**）这首诗里面想象自己拥有小孩子的心智。他描述了一个婴儿长成了一个小小的儿童，发现周遭的一切充满了惊奇和惊喜。

有时候，我们会遇到一些让人着迷的事，使人忘了去追究它的精确度。我们会看书、听广播或音乐，欣赏戏剧表演或电影，参观画廊，或者只是和朋友聊聊天。突然间，某个人的经验、智慧或是想象力抓住了我们的感觉的精髓。我们的经验通过别人的表达呈现在眼前，使我们有了更完整的认识。这种感觉相当令人满足，是无法用言语形容的，就好像让我们更了解自己的个性，帮助我们更能活出自己，更深入地探讨自己的性格。

或许，这就是为什么很多父母会继续努力了解自己的宝宝，同时又能照顾到他们生理上的需求。他们很想多了解自己的宝宝，希望尽量帮助他们的人格成长，发挥潜力。这样的做法并不会过于理想化或是过于感情用事，而是以爱和渴望充分了解宝宝的实际感受——无论是好是坏——为动力。如此一来，就可以将宝宝对真实生活与现实的体认以及他们的个性联系起来，了解他们，从长远来看，也是在帮助他们了解自己、活出自己。父母和照顾者是的宝宝世界中最具潜力的艺术家，其中的创意包括试着了解他们；如果能成功，不仅孩子会得到丰富和充实，大人也会如此。

第一章

1岁宝宝会什么

1岁了，宝宝开始咿呀学语，开始想跟大人对话了。

此时，可以通过儿歌、图画书来帮助宝宝学习语言和激发想象力。

学走路也是此阶段很重要的一件事，这代表宝宝的世界又向外扩展了，并能从探险中建立起自信。

这时需要注意的是如何打造一个安全的居家环境，让宝宝能够尽情探索世界。

学讲话

亲子从什么时候可以开始对话？

当爱莎的妈妈被问到从哪个阶段开始和女儿对话时，她想了一下，回答说："从她出生之前就开始了。"爱莎在妈妈肚子里时，就经常有明显又快速的胎动。每当这时，妈妈都会拍打肚子，问她要做什么。爱莎一听到就会安静下来，好像"在听"妈妈的声音。当妈妈停止讲话，不再摸肚子时，爱莎又会开始快速动来动去，但是只要妈妈又开始讲话、摸肚子了，她又会安静下来。这种交互式的"对话"在妈妈怀孕的后几个月，成了她们每晚的固定活动。

爱莎的妈妈还记得到医院准备生产的情形。当她进入产程时，一切似乎变得寂静无声了。当时产程进展得相当缓慢，助产士建议爱莎的妈妈和宝宝说说话，尝试着鼓励她出来，告诉她外面的世界很美好，不需要害怕，她可以呼吸新鲜的空气，继续长大。因此，爱莎和妈妈之间的对话又开始了，之后的产程进展顺利。

贴心小叮咛

当产程很冗长时，试着跟胎儿说说话，鼓励他赶快出来看看这个美丽的新世界。

这个故事听起来有点匪夷所思，但令人惊

讶的是，对许多父母来说，这是相当熟悉的经验。妈妈们尤其会出于本能和宝宝展开“对话”。在这种背景下，父母或许可以思考一下词汇和语言发展对1岁宝宝有何意义。

在爱莎的例子里，她和妈妈之间的“对话”是因为爱莎在妈妈肚子里快速的胎动使妈妈抚摩肚子对她有所回应。“你要做什么？”这个问题显示出妈妈在想着爱莎，想要了解她的情绪，希望能够安抚她。妈妈接受了爱莎的沟通方式，以理解的态度，用语言和抚摩肚子来响应。她们似乎会轮流发言，等待另外一方的反应。这种轮流发言是由爱莎的妈妈先开始的，好像在告诉尚未出生的宝宝，她们之间的交互方式要如何运作。倾听、尝试了解和响应的节奏在这个阶段似乎比语言本身更重要。

路易丝的妈妈也描述了类似的情况。路易丝3个月大的时候，每周都会由西班牙裔保姆丽纳照顾几小时，好让路易丝的妈妈有喘息的机会。丽纳跟路易丝的妈妈说，当路易丝焦躁不安或想念妈妈时，她会用西班牙语跟路易丝说话。虽然丽纳的英语相当好，但她还是觉得用母语和路易丝讲话会比较自然流畅，路易丝似乎也会因此而比较平静和高兴。

在早期需要细心照料宝宝的这个阶段，对话所传达的温暖、理解和语调比具体的字汇更重要。这似乎跟大人的心情有关，也就是要敞开心胸包容宝宝的一切。父母或是照顾者如果能够善用自己的内心和与生俱来的资源（也许是跟母语有关），就能够像丽纳一样和路易丝进行对话，帮助宝宝稳定情绪。有趣的是，几个月后，丽纳又想多讲些英语了，好像这些英语词汇本身在路易丝快满1周岁时变得越来越重要了。

同样地，很多父母和照顾者都认为在正式开始学习语言之前，和宝宝说话是很有效的。他们可以展开一连串冗长的有关尿布价格的对话，或是介绍诸如拿掉厨房水槽塞子的技巧。在对话中，宝宝总会在有意义的地方适时地呱呱大叫、咯咯笑或微笑，父母深信宝宝在还没学会讲话之前很喜欢这样的参与方式。此外，这样的方式也可以让宝宝很高兴，同时又可以有效地利用这段时间做些其他的家事。当然，1岁宝宝绝对会让父母知道他们什么时候觉得对话的内容很无聊，而且不需要说话就能把他们的态度表达得很明确。

但是在宝宝学习对话艺术的基本原则时（包括轮流发言的节奏以及习惯听到一大堆的词语），对他们最有意义的事就是情绪获得了安抚。当小婴儿需要有人哄时，最好的方式莫过于被妈妈抱在怀里。而从1岁起，对话（词语和句子）具有了安抚宝宝情绪的作用。小宝宝会因为听到了某些词语以及令人舒服又有沟通效果的声音而平静下来，这对他们来说非常重要，而且意义深远。

贴心小叮咛

当小婴儿需要有人哄时，最好的方式莫过于被妈妈抱在怀里。

宝宝会渐渐地知道词语的意义，并且会把它们和自己的经验结合在一起，让他觉得在“对话”中，自己的情绪获得了安抚。就算不知道这些词语所代表的意义，他们也会明白每个词语都有它的意义，这些词语和自己受到别人包容与扶持的经验息息相关。

咿呀学语

宝宝说出第一批词语的日子终将到来。有些宝宝比较早开口讲话，有些则比较晚，但通常都是在满1岁之前。在开口讲话前，宝宝通常都会先有一段所谓的牙牙学语期来暖身，他们会把一大串声音串联在一起，然后玩得不亦乐乎。像是“B—b—b—b—b—b—b—b—b—b—b—b”“D—d—d—d—d—d—d—d—d—d—d—d”“M—m—m—m—m—m—m—m—m—m—m”。通常，宝宝很快就会把这些音转换成“妈妈”和“爸爸”。

碧翠斯的妈妈谈起她除了“爸爸”和“妈妈”外，最先学会讲得非常清楚的几个词就是“鸟”和“乖女孩”。她大概是在满1岁时学会讲这些词的。“鸟”对她们来说是一个相当重要的词，因为碧翠斯人生的第一个夏天常和爸妈待在花园的草地上，边赏鸟，边对话。因此，她的妈妈每天都很高兴也很期待她学会讲新词。但是事实正相反，碧翠斯在接下来的几个月又回到了过去的牙牙学语阶段。虽然她已经学会讲话了，但是在那个阶段，她好像觉得还不是继续往前走的时候。当她再度说出“鸟”的时候，是对她奶奶说的，她的妈妈也站在她身边。碧翠斯现在已经14个月大了，她已经可以把“鸟”和一大堆新词——像是“牛”和“午餐”——一起说出口了。她的脑袋里好像存了一整本词典，以供她在觉得合适时随时使用。

1岁宝宝取得的每一个进步都需要付出一定的代价。语言让人充满喜悦，能以美妙又充实的方式把自己和别人连接在一起。但是，这也代表宝宝必须在母子关系中变得更加独立，与妈妈分离。这对宝宝的情绪和认知发展来说都是很大的进步，因此，每个宝宝的步调都不一样。对碧翠斯来说，语言似乎代表着她越来越习惯离开妈妈，和别人展开对话。她的认知似乎比情绪早一些做好了开口说话的准备。

因此对某些宝宝来说，虽然他们已经开口说话了，但那只是短暂现象。在这个阶段，父母和照顾者通常要多花一点时间仔细听宝宝在说什么，温柔地鼓励他们，然后帮助他们建立信心。有时候，父母还会替宝宝说话的内容赋予特殊的意义，想要知道他们的想法，然后再教他们简单的句子，把所有的想法整合在一起。

贴心小叮咛

帮助宝宝学说话，最重要的是多花一点时间仔细听宝宝在说什么，然后温柔地鼓励，帮助他建立信心。

乔丹和姨妈之间的对话发生了这样的故事。乔丹面带微笑地坐在他的高脚餐椅上，没多久，他咯咯大笑起来，指指点点。他的姨妈正在泡茶，问他在看什么。“球。”他说，他努力地用嘴巴发出字的音。“哇！你说‘球’。”姨妈很高兴地回答：“没错，那是你的红色的球。”他们一起安静地盯着这个球看了一会儿。之后姨妈问道：“你喜欢你的球吗？”乔丹对她微笑，然后又小声地说：“球。”“你喜欢你的球。”姨妈说。随着下午茶的继续，两个人你来我往地对这个球发表了各种看法。乔丹似乎很喜欢这段对话，对自己也越来越有信心，开始对这个球滔滔不绝地讲起来。最后，乔丹的兴奋之情似乎达到了最高点，他疯狂地挥着双手，大叫：“球！球！球！”这时，他的姨妈问：“你想拿红色的球吗？你真的很喜欢这个球！需要我帮你把球拿过来吗？”

这样正面的鼓励和关注通常更可能发生在家中第一个宝宝的身上，因为父母或照顾者比较有时间和他们单独对话。这样当然有助于乔丹建立信心。但在大人比较忙碌或是有比较多的孩子的时候，宝宝通常都会观察多于开口。

露西的妈妈爱拿露西说出的第一批词开玩笑，这些词恰如其分地展现了她1岁女儿的强烈性格。事实上，她记得，露西当时好像一口气讲了两个词：“我”和“不”。露西之所以会坚定地说“不！”，是因为她不想坐高脚餐椅。同样地，当别人要帮她穿上鞋子时，她也会说“不！”，并且坚持“我”自己穿。语言的力量是无法被低估的。懂得对某件事情或某个人说“不”是相当有力量的，它会改变宝宝的世界。

儿歌、图画书串联了宝宝的语言和想象的世界

对1岁宝宝来说，用歌曲和儿歌来使用语言的方式相当有吸

引力。妮雅大概就是在这个阶段开始学讲话的。她的爸爸常会在晚上洗澡的时候教她唱《大象奈丽》(*Nelly the elephant*)这首歌。他们发展出了一种互动模式:

爸爸:大象奈丽抬起她的……

妮雅:鼻鼻!

爸爸:……向马戏团道别。它吹着胜利的喇叭离开……

妮雅:鼻鼻!鼻鼻!鼻鼻!

这个年纪,父母也可以和宝宝一起不断重复看儿歌书,宝宝喜欢重复的事。这似乎是一个学习驾驭语言的好方法——你知道下个字是什么吗?然后开始填空格。有押韵的文字(像是歌曲)富有音乐的特质,对宝宝特别有吸引力,有押韵的故事都很短,内容又简单,而且充满想象力。在书店和图书馆里有很多画得很好的儿歌图书。有时候,平装版的书比较适合宝宝的小手,使更多喜爱书本的宝宝可以开始自己看那些书里面的图画。但是,一开始,父母还是得先花点时间拿本儿歌书和宝宝坐下来一起看,念书里面的内容给宝宝听,并解释图片所代表的意义。

贴心小叮咛

宝宝喜欢重复的事。

在这个阶段,还有一种很受欢迎的书,就是用一个词解释一张图的书。虽然摆在书柜上看起来不见得很有吸引力,但是刚学会讲话的宝宝似乎很喜欢这类书，他们很喜欢这种简单的模式，或许是因为可以很快掌握内容。宝宝指着词，把它跟图片联想在一起，详细描述这张图片的过程为他们带来了无比的满足感。很快地，1岁宝宝就可以“念”书给父母听了。这种成就感可以增强他们的信心，帮助宝宝认字、学习语言，让他们越来越熟练。歌谣和儿歌的录音带和CD也是很有价值的材料，让宝宝有扎实的语言基础。

贴心小叮咛

父母可以利用儿歌、单词图画书和押韵的绘本来教孩子说话。

宝宝渐渐会对故事书产生兴趣，但一开始的内容要简单。此外，就跟其他任何事情一样，要尊重自己的直觉，同时配合宝宝吸收理解的速度。

杰克的妈妈就提到，因为杰克无法乖乖地坐在妈妈的腿上看完一本书，她感到很沮丧。每当妈妈尝试这么做的时候，杰克就会用手把书合起来，拼命地挣扎，想要从妈妈腿上下去。最后，妈妈决定不再强迫他，接受他就是对书没兴趣的事实。但是，当这个问题不再困扰他们以后，杰克奇迹般地对书本开始产生兴趣了，不过他还是比较喜欢自己选的故事书。

当宝宝准备好开始看故事书时，他们会特别喜欢某种类型的书，但通常不是家长所期待的，宝宝对这些书会百看不厌，好像里面的某些情节会使他们不知不觉地为之着迷。通过故事情节，他们可以探索自己的感觉，同时又可以在安全距离里保留这些感觉（有时是难以抗拒的）。

瑞秋的妈妈说，瑞秋很喜欢听故事，她最喜欢的就是约翰·班尼汉（**John Burningham**）所写的《牛油果宝宝》（***Avacodo Baby***，**1994**）。这本书描写了一个食量不大的宝宝。有一天，妈妈因为宝宝长得不够壮而感到难过，突然她发现水果盘中有牛油果。她把牛油果捣成泥喂给宝宝吃。没想到宝宝非常喜欢，从此就靠着吃牛油果，长得又大又壮——把高脚餐椅的安全带都撑断了，力气大到推得动汽车，扛得起逛街买的所有东西，追得上小偷，最后还拯救全家脱离了灾难。瑞秋在18个月大时似乎觉得这本书很过瘾且深具启发性，因此看了一遍又一遍。

通过故事和儿歌，父母和照顾者可以让宝宝认识语言和故事的创意。他们可以多了解语言是如何把有关自己或别人的整个故事串联起来的。就像宝宝需要依赖你的语言和理解，来使他们的经验具有意义一样，有些故事书的情节也可以用类似的方式帮助他们把经验串联起来。之后，他们会渐渐知道原来自己也可以运用语言和想象力来编故事，同时也可以想象自己在别人的处境和模式中会如何处理自己的感受，然后编成故事。当他们自己成为作者时，会因为想象力的发展而进一步丰富故事的情节。

勇敢地踏出第一步

克丽斯汀出生时，哥哥彼得才3岁。他似乎很自然地就接受了这个事实。随着妹妹渐渐长大，彼得很喜欢妹妹带着崇拜的眼神看着他在房间里走来走去。显然，妹妹觉得哥哥是最棒的。他们甚至可以在同一个房间玩起来。妈妈通常会在地板上铺一块毯子，好让妹妹躺在上面，旁边还会放一些适合宝宝玩的玩具。彼得也会在同一个房间里玩玩具，并且主导他和妹妹之间的游戏。有一天，整个情况突然改变了。妈妈形容彼得被看到的景象吓得发出了恐怖的叫声，妈妈赶到房间里时，彼得说："妈妈……妹妹在爬……"

宝宝会爬了以后，一切都变了。同样地，每个宝宝开始说话的时间都不一样，爬出第一步的时间当然也不一样，虽然宝宝们大致都是在1岁左右开始学爬的。

苏珊在满1岁前的几个月开始学爬。几天后，有客人到家里来，苏珊的爸爸很兴奋地要她当场表演一番。他把苏珊放在地板上，张开手要她往自己的方向爬过来。苏珊转过去看着爸爸，然后开始愉快地往另外一个方向爬，其中一只脚比另一只脚用力，却很有效率地使自己能够到处移动。苏珊抬起头看着客人，并冲对方笑了一笑。爸爸蹲下来，和苏珊一般高，并张开手臂叫她的名字。苏珊突然变成坐姿，面对着爸爸，动也不动，还对他笑眯眯的。

能够掌握自己要去什么地方，这种感觉一定很好。从此，宝宝的世界会变得更为宽广。宝宝怎么爬似乎没有宝宝终于会爬了来得重要。另外一位爸爸充满感情地提到了他儿子最近参加的趣味爬行比赛。虽然宝宝爬起来比较像是在做臀部摇晃运动，却爬得相当快速而有效率。通常，宝宝比较喜欢快速爬行，而不喜欢难度较高的需要保持平衡的走路。有些宝宝会很骄傲地站起来，看看周边的情景，但就是不愿意把脚踏到另外一只脚前面。有些宝宝则坚持要有人肯让他们拉着一根手指，才肯走路。或许这纯粹跟需要保持平衡有关。或许当他们踏出第一步时，需要有一位对他们有特别意义的大人在身边，他们才有足够的安全感来迈向与父母分离的、独立的生活。

学习走路以及是否有足够的信心踏出第一步，这个过程跟心理和生理层面都息息相关。同时也是情绪层面的一个相当重要的进步，这对宝宝来说是充满矛盾冲突的。很显然，往前的方向只有一个，有些东西必然会被抛在后头。走路固然是一件美好的事，但这意味着父母怀抱中的宝宝要独立了，并且学走路了。宝宝开始学走路时，也可能会一再地回到你身边要求拥抱、要你给予他信心。事实

贴心小叮咛

当宝宝踏出第一步，开始学走路时，也是他们最喜欢黏着父母亲的时候。

上，当宝宝开始学会走路，信心满满地踏出了自己的步伐时，也是他们最会抓紧父母的时候。

从探险中建立起自信

有时，早上还充满自信的宝宝到了下午又会紧抓着你的衬衫或长裤不放，这种转变常让父母感到非常困惑和不解，但这是很自然的。无论1岁宝宝表现得多么勇敢，都要记住，他们还很小。宝宝只有通过不断地练习先离开你，然后再回到你身边，并取得足够的信心，之后再离开你，才会建立自信。他们要依赖父母或照顾者总是在身边做强而有力的后盾，在生理和情绪上帮助他们面对人生以及当时所碰到的事情。迈向独立的行动是具有实验性质的，在这个阶段越成功，宝宝就会越有自信。

> **贴心小叮咛**
>
> 1岁的宝宝充满好奇，在确保安全的前提下，可多多鼓励他们去冒险、去探索世界。

宝宝所需要的是带着你鼓励的声音去展开短暂之旅。这种鼓励的声音会被宝宝记在心里，并在情绪上支持宝宝，让他们有勇气展开属于自己的小旅程（放开你的手去探索公园里的花圃，或是接近图书馆里的另一位小朋友，等等）。对宝宝保持敏锐的心，给予他信心和支持，让宝宝以自己的

> **贴心小叮咛**
>
> 除非万不得已，否则尽量不要跟宝宝说：“不可以。”

步调前进，似乎就是给他们的最大的鼓励。

> **贴心小叮咛**
>
> 营造一个安全的居家环境，可以帮助宝宝从探险中建立起自信。

厄尔的妈妈带他和4岁的姐姐去和好友以及他们的孩子聚会。大部分的孩子都跟厄尔姐姐的年纪相仿，但厄尔才17个月大。那天天气很好，其他年纪较大的孩子冲到了花园里，妈妈们则一起坐在敞开的法式双扇玻璃门门口。难得的是，厄尔离开了妈妈身边，加入了幼童的行列。这是他第一次离开自己的地盘加入幼童的群体。所有的大人看到这个景象都纷纷发表了看法。但是，他的妈妈也注意到，如果其他孩子在接下来的半小时都没进房间，厄尔就会每隔5分钟径自回到室内短暂地和妈妈接触一下，再出发去冒险前，先填满信心。

给宝宝一个安全的居家环境

如果是在自己家里，1岁宝宝或许会更想去探险。当他们开始认真地到处探索时，一切就不复从前了。这时，需要对居家环境采取一些防护措施，这是一项大工程。对彼得来说，真正需要保护的、避免让克丽斯汀拿到的东西，就是自己的玩具。照顾还在襁褓中的小宝宝和照顾已经来去自如的1岁宝宝是全然不同的。幸运的是，娱乐效果通常会冲淡紧张的气氛，随着1岁宝宝渐渐长大，哥哥姐姐也比较能够跟他们一起玩了。但是家中的安全隐患可能比想象中的多很多。如果父母担心，就要赶紧在家里做好全面的防护，这样会比狼狈地跟在宝宝后面紧盯着他简单得多。另外一个选择就是叮嘱孩子不要接近某个橱柜，或把玻璃花瓶从柜子上拿下来。但是你可能会发现，自己几乎一直在说："不可以。"这其实是相当不好的。

玛丽的妈妈总是想要给她一堆有趣的玩具，但是当她们待在厨房里时，无论玛丽拿了多少喜欢的玩具，都还是会爬到某个橱柜前把厨具通通搬出来，让她妈妈既担心，又疲于奔命。她发现自己每天都在不断地对玛丽说："不可以！"然后跑过去把东西搬开。玛丽觉得很受不了，也很挫折，她无法理解为什么妈妈不准她碰任何东西。后来，玛丽的妈妈在跟朋友谈过以后，决定把柜子装满适合玛丽拿出来玩的东西，就算撒满一地也没关系。于是，妈妈每隔一阵子就在柜子里放新东西，换新花样，后来她们都觉得这个方式很好。

在这之前，我们已经提到了宝宝学会说"不"以后的影响力。也许，在宝宝尚小或是能力有限无法自理时更是如此。但随着1岁宝宝不断成长，父母经常有必要且善意地对他说"不可以"。虽然如此，宝宝听到"不可以"还是会感到很受挫，甚至有遭到贬低的感觉。父母和照顾者都了解这一点，因此如非必要，会尽量不这么做。在家里做些防护措施避免宝宝受伤，意味着宝宝可以安全地在家里探索，就像玛丽经常做的那样。这样有助于宝宝建立自信心，父母也不需要经常说"不可以"，大家就可以稍微放轻松些。

如非必要，不要经常对1岁宝宝说“不可以”，这是出自心理层面的考虑。在家进行的初次探索比前面提到的翻柜子有更深层的含义。宝宝的世界会随着到处探索而不断拓展。如果他有充沛的好奇心，宝宝将会尽量多了解家中的一切，包括可以触摸的每样东西。这样的好奇心是往积极的方向成长和发展的，父母不应该加以阻止。

第二章

1岁宝宝探索什么

这是好奇心最旺盛的阶段。

宝宝发展人际关系时，遇到的第一位重要对象就是母亲，通常也是宝宝幻想和好奇的首要目标。

但此时，宝宝已将幻想和好奇从妈妈身上转移到周遭的每件事上了，父母应该多鼓励孩子在游戏中探索自己的各种感受，不管是正面还是负面的情绪。因为如何面对情绪是需要练习的。

本章也谈论到了单亲家庭和双亲家庭对孩子的照顾和教养问题的处境是不同的，负担也不一样。

遇到问题时，该如何求助？该向谁求助？

吃饭皇帝大，但吃饭时间常常是亲子冲突频率最高的时候，宝宝不吃饭、吃得很少，该怎么办？

有没有想过将吃饭权还给孩子，结果会怎么样？会不会产生正面效果呢？要不要试试看！

发展好奇心

暂离妈妈，探索外面的世界

宝宝发展人际关系时，遇到的第一位重要对象就是母亲。当宝宝在妈妈体内成长时，母子关系就已经开始了。在这个阶段，妈妈为胎儿提供所需要的一切。出生后，宝宝已经会慢慢地对任何事物产生好奇了。很自然地，妈妈通常是宝宝幻想和好奇的首要目标。随着宝宝对妈妈的好奇与日俱增，彼此也会越来越亲密。有人可能会问：妈妈体内到底有什么东西？为什么她的乳房会分泌乳汁？她现在的感觉如何？她的大脑和内心在想什么？她喜欢什么？该由谁来照顾妈妈？如果妈妈和宝宝可以坦然面对这些问题而不特别担心，那么宝宝会更有信心地继续发挥他的好奇心。

贴心小叮咛

在宝宝发展人际关系时，遇到的第一位重要对象就是妈妈，所以妈妈通常是宝宝幻想和好奇的首要目标。

对1岁宝宝来说，世界变得越来越大。无论是走还是爬，他们都有更多的机会去独立探索这个世界。因此，开始时对妈妈的幻想现已全部转移到周遭的每件事上。在父母和照顾者鼓励宝宝的好奇心的同时，也是在支持1岁宝宝情绪和心理的发展——任由他们对广阔的世界展现出浓厚的兴趣，使宝宝学习过上独立安全的生活。不过，这有可能是一个相当复杂的过程。

有些妈妈觉得面对这个过程很难，因为宝宝刚出生时的亲密母婴关系逐渐转淡。她们会把宝宝渐渐长大、独立的过程视为对她们的忽视，好像宝宝已经不在乎她们了一样。尤其是家里的老幺长大时，更可能让妈妈有这种体验，或许这是因为在妈妈的心中，他就是“最后一个”宝宝。宝宝或许也会察觉到妈妈心中的痛楚，因此偶尔会稍微收敛些，没有平时那么爱冒险，或者保留某些在小婴儿时的习惯或行为方式。

不过也可能发生另外一种情况。随着宝宝越来越独立，有些妈妈也会回归原来的生活方式，使母子关系在这个阶段反而得到了深化。举例来说，奥利什的妈妈就说，她并不是那种“习惯与宝宝黏在一起的人”。要她待在家里，她会心神不宁，情绪也会很低落。幸好，她在奥利什几个月大时就返回了工作岗位，也很幸运地及时找到了可以照顾奥利什的人。一切从此渐渐走上了正轨。一段时间以后，奥利什已经长成了独立的1岁宝宝，妈妈整个人也变得不一样了，她更有自信了，也更喜欢跟奥利什待在一起了。事实上，她最近很可能缩短工作时间，希望能够花更多的时间跟奥利什在一起，带他去公园游乐场或别的什么地方。

如果1岁宝宝得到鼓励去探索更宽广的世界，同时对父母的爱与关怀有安全感，那么他就比较有自信去进行更多的探索，而且宝宝的探索之旅必然始于对家的探索。在前面，我们已经提过该如何为宝宝打造一个安全的居家环境，也提到了安全并不是唯一的重要考量。如果宝宝是因为在成长过程产生的“健康的”好奇心而想要去探索，却一直听到“不可以”，可能会让他们对自己的好奇心所带来的后果感到过度焦虑，最后因为被过度抑制而扼杀了他们的好奇心。因为宝宝对大环境产生的这种好奇心关系到之后的心智发展状态，所以父母和照顾者有无数机会多鼓励宝宝去尽可能地发挥他们的好奇心。

在游戏舞台上探索各种感受

游戏对儿童来说是有帮助的，而且乐趣无穷。无论你的身份是父母、爷爷、奶奶、姨妈、叔叔、这家人的朋友，还是保姆，都可以跟宝宝玩得很开心。游戏的舞台可以帮助宝宝发展好奇心和想象力，以夸张的方式体验情感和经历，并修通问题。年幼儿童往往会在妈妈或照顾者的身边玩耍。刚开始，他们常会先自己玩一会儿，但仍然需要有人每隔一段时间就过来关照一下，让他们安心。有时候，以温和的方式鼓励宝宝继续玩会有所帮助，但是1岁宝宝能够调整自己的步伐，使自己不会太累，不会玩得太过火。对

> **贴心小叮咛**
>
> 游戏的舞台可以帮助宝宝发展好奇心和想象力，以夸张的方式体验情感和经历，并修通问题。

这方面比较敏感的大人可以帮助孩子打造有利于发展他们想象力的游戏环境。

亚伦妈妈的朋友在亚伦快过1岁生日时来做客，她带了一组玩具给亚伦，是四只颜色鲜艳的农场动物，只要单击按钮，动物就会戏剧性地跳起来。每个人都想要亚伦来玩这个新玩具，当动物跳起来时，大家就会发出惊叫和赞叹声，想引起亚伦的兴趣。但是妈妈的朋友发现，亚伦被其他东西吸引了注意，她细心地将玩具包装盒拿给亚伦。令她感到意外的是，亚伦明显比较喜欢包装盒，他把盒子拿在手里翻来覆去地仔细端详，之后发明了自己的玩法——先用包装纸塞满盒子，然后再清空它。

我们常会听到有关1岁宝宝的生日派对的笑话，其中一个故事就是这么说的：宝宝比较喜欢包装礼物的盒子，而不是礼物本身。这个阶段的宝宝似乎对各式各样的包装盒有很多想象，也常常发现身边各式各样的容器像磁铁般吸引着他们的注意力。他们最喜欢先装满容器，然后再把东西倒出来检查一下，从录放机上面有避免孩子乱按按钮的装置就可以证明这一点，因为机器发生故障时，通常都是因为在机器里面发现了无数小东西。

一天下午，丹妮斯的妈妈想播放女儿最喜欢看的录像带，她本来以为这下可以不受打扰地好好喝杯茶了，但令她感到讶异的是，录放机居然不动了。丹妮斯的妈妈马上请来了修理录放机的人。工人一进门，就先看了丹妮斯一眼，然后直接走到机器旁边，把机器倒过来甩了甩，结果居然倒出了一堆硬币、小玩具、迷你螺丝起子，甚至还有暖气排气钥匙。接着，他向丹妮斯的妈妈解释了该如何使用童锁，他说他已经很习惯这种事情了，整个修理过程才花了几分钟。

贴心小叮咛

1岁宝宝最喜欢的玩具之一是容器，把东西放进盒子里，再把东西拿出来，来来回回，乐此不疲。

另一个很吸引1岁宝宝的“容器”就是洗衣机。艾拉的妈妈一开始之所以注意到她对洗衣机有兴趣，是因为艾拉白天固定要去看很多次洗衣机，通常她会带一堆东西去，然后空手而回。艾拉似乎特别喜欢把奶瓶放在洗衣机里。一旦家人发现艾拉又开始玩洗衣机游戏时，而家里刚好有东西不见了，尤其是没有人找得到汽车钥匙，而艾拉的妈妈又急着去上班，洗衣机就成了大家找东西的首要目标。

妈妈通常是宝宝的第一个幻想对象，他们会对妈妈的身心灵充满想象。渐渐地，宝宝会把这些幻想转移到一些有象征意义的东西上，通常是容器类的东西。对宝宝来说，把东西放在可以装东西的容器或空间里，正是他们想在这个世界中寻求安全感的方式。如果容器和内容物可以用来检视和玩耍一番，那么宝宝会觉得这个容器既坚固又安全。坚固耐用的容器可以保护牛奶瓶，它所象征的是慈爱的、喂奶的妈妈，容器同时也可以包容负面情绪，像是孩子看着妈妈放下自己去工作时所产生的负面感受。这种游戏可以帮忙转换情绪，使他们对人生充满希望，并鼓励宝宝的心中出现一位坚强的能保护宝宝的人，他们了解并且包容了孩子所有的正面和负面的情绪。如果宝宝有这样的概念，并且将它深植内心，未来当他需要面对不可避免的磨炼和苦难时，将会很有帮助。

父母对宝宝游戏的感觉会有惊人的变化，不只是每天或是每周会改变，每一刻都在改变。和宝宝一起玩耍，密切专注于宝宝的带领，你会在游戏过程中发现，呈现在眼前的一切，都对你了解宝宝当前的感受和心中的想法有很大的帮助。有时候，游戏就像在罗马竞技场一样，到处充满碰撞，会造成灾难或破坏，大人可能会忧心忡忡地在一旁观看，也可能会有冲动想出面制止，希望孩子们“玩得斯文一点”。实际上，富有想象力的游戏是处理强烈的负面情绪及经验的好机会，它们可以帮助孩子重拾比较正面的心态。

娜娜的爸爸在职场上承受着相当大的压力，他在女儿14个月大开始学走路时承担起了照顾她的重任。当时，她走起路来仍然摇摇晃晃。当她经过客厅想拿玩具和饮料给来家里的朋友时，因为重心不稳，跌倒了很多次，最后她把带轮子的玩具狗拿给爸爸，希望爸爸替她解开绳子上面的结。在爸爸解绳结时，他发现娜娜开始玩姐姐稍早搭好的乐高了，娜娜挑了一个小的乐高玩偶，把它摆放在由乐高组成的墙壁上，很明显，没多久它就又掉下来了。娜娜仔细检查了乐高玩偶的婴儿车，摸摸轮子，还从床上拿出了另一个乐高玩偶，想把它放到婴儿车里。后来她觉得那个乐高玩偶太大，只好把它放回床上。她就这样一直来来回回地玩这些乐高玩偶，然后又小心翼翼地将它们再摆回床上。

娜娜似乎对每件事都想要关心，就像她的玩具和饮料都要放在安全的地方，好让她觉得安全妥当。这可能跟她经常跌倒，因此需要有安全感，需要有人扶持，使她在身体和情绪方面找到一定的平衡有关。娜娜的爸爸所承受的压力也可以从娜娜不稳定的步伐中看出来，她觉得自己应该处于更安全的状态。尽管如此，娜娜还是认为爸爸就是那个可以为她解开绳结、解决问题的人，她知道爸爸会保护她。娜娜和积木玩偶的游戏显现出她正在处理、消化自己的感觉，游戏的结果也是相当有建设性的。虽然他在游戏过程中曾跌倒数次，就像第一个积木玩偶会从墙壁上滑下来一样，但是最终所有的积木玩偶都会找到安全的栖身之所。

家家有本难念的经

每个家庭的状况都不同，有些家庭的父母和孩子一起住；有些家庭则是单亲家庭，他们在情绪和实际生活中会得到其他亲戚的协助，因此有些单亲家庭比较依赖朋友或是当地服务。无论家庭组成为何，每个家庭都有属于自己的文化、历史以及关于儿童教养的想法。

所有的家庭都会在不同阶段经历所谓的紧张关系，这就是人生。压力来源可能是情绪上的或经济上的，包括父母的婚姻或许会遇到困难；双亲中的某一位也许已经离开了家；家中有人过世或者罹患慢性疾病；父母面临失业问题；父母过分投入工作，可能意味着他们长期不在家；双亲中有人再婚；有新成员诞生。这些都会带来改变和复杂的心情。无论是什么样的问题，就算孩子还小，无法用语言表达心中的感受，但他们还是会不可避免地感觉到家中的变化。通常，这对于想要保护孩子的家长来说是一件相当难过的事。但其实，如果知道家里所遇到的问题会影响所有的家庭成员，便使大人更能体会孩子的感受，这也是帮助孩子克服情绪的障碍、面对痛苦或困惑的第一步。

贴心小叮咛

大人若能理解孩子的感受，就可以帮助他们面对自己的情绪。

大人若能理解孩子的感受，就可以帮助他们面对自己的情绪，给予他们支持。对于还不会说话的孩子来说，这种做法对于帮助他们面对家庭危机相当重要。毕竟，他们尚未成熟到可以自行消化情绪上的问题，对于压力的承受程度相当低，所以会转移到其他地方来表现，如行为、饮食、睡眠、尿床或身体症状等。已经会讲一些话的孩子或许会想要谈谈这些问题。但以开放和敏锐的态度体会孩子的感受，并不代表要跟孩子深入解释问题的每个细节，尤其是当问题是跟大人的议题有关的事情时。让孩子知道每笔收入和支出的细节，并不能帮助他了解家庭经济困难的问题。同样地，遇到婚姻问题、双亲或兄弟姐妹中有人生病时，让1岁的孩子知道太多细节对他们并没有帮助。不过，简单诚实地告知实际情况可以让孩子比较放松。至少，大人们表现出了知道孩子也关心和担心发生在家里的事情，对孩子是有帮助的。再者，应该让孩子知道，如果他们愿意，随时可以与大人讨论，甚至问问题。在这些时候，有些家庭可能觉得听听其他观点会有帮助。通常，他们会联络家庭医生，让家人能够参加专门为5岁以下幼儿开设的社区咨询，或是获得为父母提供的支持资源。

贴心小叮咛

以开放和敏锐的态度体会孩子的感受，并不代表要跟孩子深入解释问题的每个细节，尤其是当问题是跟大人的议题有关的事情时。

单亲家庭的难处

戴维的妈妈在戴维18个月时和家庭医生联络，因为戴维在睡前和睡觉时的种种行为实在令人难以忍受。医生介绍了专门为5岁以下幼儿开设的为期6周的社区咨询课程，每周上一次课。在这几周中，问题渐渐显露：6个月前，爸爸离开家了，在那之后，戴维习惯了和妈妈一起睡。刚开始，爸爸会定期在周末探望他，而且他们的关系很好。在家里，戴维的妈妈努力想让戴维回到他自己的床上睡觉；但除非妈妈能陪在戴维身旁假装睡着，他才肯在自己床上睡，整个过程可能需要花2小时。如果戴维半夜醒来，他还会跑到妈妈的床上，和她一起睡。这时，妈妈已经很累了，无法再把他抱回他自己的房间去。这样的情形让他们两个都疲惫不堪。妈妈也说，她常会感到又沮丧又无能为力。但当戴维的妈妈开始在家里谈论这个问题时，情况似乎就开始好转了，特别是戴维愿意谈有关爸爸的事，他仍然记得爸爸离开家的那天晚上的情景。妈妈也相当讶异，因为那是她第一次听到戴维提到这件事。在会谈中，另一个问题也浮出水面，即戴维担心妈妈有一天也会离家出走，毕竟如果爸爸会离家出走，妈妈为什么不能呢？因此，戴维必须盯紧妈妈，尤其是在三更半夜的时候。但是，这样就会让睡觉变成相当麻烦的一件事，也会迫使他在半夜醒来，随时注意妈妈是否还在家。但是自从戴维把这件事讲出来，他对妈妈就比较有信心了，而深夜时光对这个家来说也变得平静多了。

贴心小叮咛

单亲家庭的爸爸或妈妈在必要时，要懂得主动求助。

除了照顾孩子每天的生活起居，单亲家庭还要面对的问题就是，如果孩子只跟父亲或母亲一方一起生活，是否会对他们的未来产生影响，这是值得观察注意的。如果父母的婚姻关系已经结束，对所有相关的人来说都是锥心之痛。不过，一段时间以后，尽管父母彼此已经没有了婚姻关系，也没有住在一起，但是父母或许可以一起思考如何合作照顾孩子。如果可以这样，对孩子来说一定是比较好的。因为孩子可以亲眼看到父母为了他而付出的努力，孩子会因此比较有安全感，因为这样的生活方式可以给予他支持和情感上的安慰。

当挚爱的另一半过世时，单亲的父亲或母亲要一个人负起养育孩子的责任，同时还得承受思念与哀恸的沉重压力。尤其在孩子尚小时，就更令人心碎。旁系亲属和友人可以给予单亲家庭很多支持，协助单亲的爸爸或妈妈抚养孩子长大。如果单亲的爸爸或妈妈可以留住美好的回忆，孩子也能感受得到，那么在他们心中，父母的形象永远是一体的。

双亲家庭的优势

善解人意、有创意又同心协力的夫妻对孩子来说相当重要。父母在一起有其象征意义，这代表他们有能力生孩子，有力量一起面对困境，同时能够以有创意的思考模式来抚养孩子。就算父母没有在一起，或即使住在一起，却没办法一起以有创意和充实的方式教养孩子，夫妻所代表的团队意义，还是对孩子的心智成长有相当大的帮助。祖母、舅舅姨妈、叔叔姑姑或父母的朋友都可以扮演一部分父母的角色，孩子对父母角色的认知也会因此加强。有时候，医生、老师或保姆都会被孩子视为协助父母的角色，使得夫妻同心的观念更加根深蒂固。假如单亲家长对同心协力的父母有自己的看法，也许正来自他们童年的记忆或之后的生活体验，这些也都会传递给孩子。任何正面的经验都是可以传承的，同时是有帮助的。

那么为什么感情和睦的父母对孩子来说很重要？因为这样可以鼓励他们有些正向的联结，同时发挥创造的潜力。如果他们从感情和睦的父母那里认识了所谓好的联结，心中有了这个模式，就可以建立正面的联结，从而鼓励他们在生活中多与人接触；这也鼓励了他们的创意思考，在心中有自己的联结，把不同的想法整合成自己的看法。其实，培养孩子做正向联结本身就是一个很有创意的过程。

其他因素可能会影响孩子对父母团队的概念。所有家庭都会遇到这个问题，尤其是当孩子在这方面的观念遇到挫折时。

珍妮弗的父母正在装修新家，工程虽然只进行到了一半，但大家都很期待能够同心协力完成这项工作。珍妮弗的爸爸因为妈妈在楼上忙着把壁纸留下来的印子擦掉，所以暂时先负责照顾她。爸爸正在煮茶，珍妮弗则要求吃第三罐酸奶，她还刻意挑衅地将勺子挂在衣服外，想看看爸爸能忍多久才会制止她。珍妮弗一口口吃东西的同时，还要爸爸告诉她厨房周遭东西的名称，她对着爸爸咯咯笑，同时很专心地听他讲。过了一会儿，爸爸告诉珍妮弗，他要上楼去，看看妈妈是否把壁纸的事情弄好了。

爸爸离开房间以后，珍妮弗开始玩她的玩具农场。她选了一个婴儿放在婴儿车上，然后说："婴儿车里可怜的小婴儿，可怜的小婴儿。"然后她把婴儿车放在绿色农场的板子上。接着她拿了一部小卡车，在车子启动前，她转动车轮，她转了个大圈让车子从板子上离开。"车子来了。"她边说边推，然后就把车子停在地毯上。她在推婴儿车时，也做了同样的事，说了同样的话，然后把它斜靠在一边，再去拿小卡车。她开始在手上把它翻过来，再把手指放了进去。她把一个手指塞得太紧，于是开始紧张起来。她说："卡住了！"爸爸回来时看到了，赶紧帮她把手指拉出来，同时和颜悦色地警告她千万不可以再这么做了。

> **贴心小叮咛**
>
> 父母同心协力照料孩子，对孩子来说是一种正向的生活经验，会创造出正面的能量。

珍妮弗现在似乎可以体会"婴儿车里可怜的小婴儿"的感受了，因为爸爸现在和妈妈在一起。或许她把自己的心愿（我希望妈妈只陪我一个人）投射到了父母身上，但当爸爸和妈妈在一起时，代表她在他们之间没有丝毫存在的空间。在这种情况下，她会觉得自己是被排除在外的宝宝。小卡车来了，代表着父母在一起，之后是"婴儿车里的小婴儿"。珍妮弗展现出了想要介入的心态，因此会把手指伸进小卡车里面。当她开始担心且需要别人帮忙时，爸爸适时出现并救了她，同时也为她设立了界限。

父母在一起可能会让孩子感觉到自己的渺小、无助并且受到排挤。尤其是当孩子还很小时，他们很想要一直黏着妈妈，排除其他所有人，因此孩子心中很难有所谓父母一体的概念。但是如果父亲是一个情绪够稳定的人，他就比较能够承担孩子所投射出来的想法，并且以友善的态度面对孩子，同时使妈妈不会让孩子索求无度，这样情况就会好一点。

之后，1岁的小女孩或许会开始黏爸爸，想要成为爸爸的帮手。她也会因为一方面想要排挤妈妈，另一方面又想要爱妈妈、需要妈妈，而感到挣扎。同样地，1岁的小男孩或许不只会崇拜或认同爸爸，他还可能想要除掉他，霸占爸爸在妈妈心中的地位。这种恋父/恋母情结是孩子必经的过程之一。父母在孩子游戏的过程中，或在不同的情况下，都可以察觉到这种心态。但如果是在单亲家庭，没有这种矛盾，了解你的孩子的困境并鼓励他在心中建立“一对好爸妈”的形像，是很有意义的。当然，当他们觉得实际情况和自己的想象抵触时，如果夫妻能够同心协力来处理这件事，就可以给孩子带来安全感，但是这并不代表问题会从此消失。年纪小的孩子仍会继续挣扎，不过在他们还小的时候，这个问题是不需要急着去解决的。

有时候，父母会觉得孩子的俄狄浦斯情结很难处理，甚至让家庭气氛变得很紧张。每个人都曾是小婴儿，因此，自己心中悬而未解的俄狄浦斯情结与索求无度的孩子之间的对抗是普遍存在的。但对某些家长来说，这种感觉令人很难受。面对这种情况，家长有时候可能需要检讨一番，或是借助别人的协助来维持家庭的完整。就算父母同心，一起面对孩子的俄狄浦斯情结，还是得费很多心思。单亲家庭既可借助外界有影响力的人士的力量，来帮助他们为孩子划界限；也可以是依赖自己的资源，建立自己对于父母双方的概念。有些情况可能需要单亲爸爸或妈妈既当爹又当妈，既得给予关爱和体谅，又得设定界限和极限来掌控孩子的情绪和实际行为。养育孩子无论从哪个角度看，都是一件相当辛苦的事。

吃饭时间到啦！

家庭的用餐时间通常可以被视为家庭生活的缩影。因为这是所有成员可以聚在一起的时间，大家各有所需，就算是家常便餐，用餐时间仍然是大家交流感情的时刻。当然，用餐也会带来压力，有时候很愉快，有时候充斥着很多情绪。

在1岁宝宝开始吃固体食物之前，可以让他和家人一起用餐。到宝宝1岁时，他已经可以和大家一起吃几乎相同的食物了，但对他们来说，很多口味和食材可能还很新奇。1岁宝宝似乎很喜欢把食物洒一地。如果家长希望用餐时宝宝不会弄得全身都是食物，保持家里的整洁，最好的方法就是自己喂宝宝吃饭。但是如果宝宝能够独立品尝食物，把东西塞到嘴巴里，可以帮助宝宝在未来以自己的方式习惯新的口味和口感，但在这个阶段也意味着会有点脏乱，不过也代表宝宝以后比较愿意尝试新的食

贴心小叮咛

用餐时间是家人交流情感的时刻，要开心地吃饭。

物。如果容忍度很高，家庭的用餐时间对1岁宝宝来说会变得相当有趣，并且会丰富他们的经验。

如果宝宝胃口很好，家庭用餐时间对他来说就不成问题；但如果你担心宝宝胃口不好，这个时段就会很有压力。

不吃饭，该怎么办？

洁德的妈妈每到吃饭时间都非常忧虑，因为洁德一直偏瘦。自从断奶并让她开始吃固体食物以来，她对吃饭一直没有太大兴趣。妈妈很担心她的体重，觉得每餐对她来说都相当重要。如果吃饭过程不顺，就会演变成战争，最后弄得泪眼婆娑地收场。洁德的妈妈对此相当无奈，她觉得应该从洁德的整体性格来思考。洁德认为自己还是小婴儿，她不喜欢有压力。如果有陌生人的脸突然凑近她，或是让她突然面对不熟悉的情况，她就会放声大哭。太拥挤、太嘈杂或太兴奋的场面都会让她感到害怕，她比较喜欢固定的作息，这样她比较可以掌控情况，知道接下来会发生什么事。从这一点出发来分析吃饭这件事，洁德的母亲开始采用不同的方式。她先准备了一些小点心，然后一丁点一丁点地拿给洁德，让她不会觉得有压力。这个新方式让洁德对吃似乎稍微感兴趣了一点，她会想要多吃一些，但是妈妈还是只给她很少的分量，可能是几颗豌豆、两根意大利面，等等。在用餐时间，当把食物一次性摆上桌时，洁德就开始吃得比以前多很多了。

洁德的妈妈虽然很忧虑，但她仍可以掌握洁德的情绪。她的细心（把洁德的情绪反应跟在喂食时考虑洁德的个性联结在一起）和采取新方法的创意，使两人原本僵持不下的情况有了转变，但并不是每次都这么顺利。

喂食对妈妈和宝宝来说是一件充满感情的事。宝宝在子宫里时，完全依靠妈妈提供营养，也就是说，宝宝必须全部依赖妈妈和妈妈所提供的营养。这不只和宝宝的健康成长有关，还攸关生存问题。出生以后，妈妈会继续用同样的心态喂宝宝，不是喂母乳就是使用奶瓶。宝宝断奶后开始吃固体食物时，就会慢慢独立，但在情绪上还是很依赖妈妈的。

贴心小叮咛

喂宝宝吃饭是智慧和创意的展现。

依赖感是一个难以捉摸的东西。有时，对一个人产生依赖感是很不容易的。但是人从一出生就会依赖父母生存。在子宫里时还会完全依赖母亲。当我们还小时，得要继续依赖身边的大人照顾我们。有一大堆人在不断地满足我们成长的需求。没错，我们都知道，光是这些名单就可以让我们满怀感恩，但这有时反而只会令我们生气和困惑。

毫无疑问，1岁宝宝进步得很快，他们开始在地上爬了、开始走路了，甚至开始讲话了，这一切都不同于只会张嘴大哭的新生儿。不过，1岁宝宝仍非常依赖父母日复一日地照料一切。当然，还有换尿布这件事。不过，这跟1岁宝宝对父母的情绪依赖比起来，算是很微不足道的。了解宝宝在依赖这件事上的复杂情绪，以及父母参与这件事所产生的困惑，会成为父母在情绪上包容宝宝的重要功课。有时候，给1岁宝宝机会来主导环境可以促进宝宝的食欲。事实上，和食物相关的议题和情绪上的依赖是息息相关的，因为这是少数1岁宝宝也可以做主和做选择的地方，不需要完全遵从照顾者的选择。有选择就有权力。

把吃饭权还给孩子

本很喜欢到奶奶家去，因为他会成为所有人的焦点。奶奶总是让他吃自己喜欢的东西。只要本的妈妈稍微睡晚了一点，第二天的早餐时间就成了本和奶奶的特别时光。他们都很喜欢这个时候，奶奶会骄傲地称本为“早餐先生”，早餐也成了本一天之中最丰盛的一餐。到奶奶家后，他们已经建立起了一套吃早餐的模式，内容有麦片、吐司、水果和其他东西。奶奶总是会问本想吃哪种麦片，她心里也许希望最好是跟上次想吃的一样，但本的选择每一次都会不同。奶奶会坚持要求本先把上次打开的麦片吃完吗？光是看看食物储存室里那一排各式各样的麦片盒就知道了。每次和奶奶吃完早餐以后，本的心情都相当愉悦。

如果1岁宝宝可以在这些小事上做决定，就算他们现在在很多方面仍然需要依赖父母，也会觉得自己受到了肯定。这个情况跟父母觉得在饮食议题方面受到孩子的主导，或是为了要替不同的孩子准备不同的餐点而狼狈不堪，是完全不同的。很显然，父母必须找到平衡点，这样才可以一方面让孩子学习做决定，一方面自己仍可以掌控局面。本之所以被称为“早餐先生”，是因为他可以自己决定早餐吃什么；1岁的宝宝仍要依赖父母，其实也是因为还是有很多事是他们自己不能决定的，但这至少让本的一天有了一个美好的开始，这种正面的经验可以让他对于扮演安定人心的角色（无论是个体还是夫妻）有比较明确的印象。这个观念将帮助1岁宝宝度过往后的人生关卡。

第三章

1岁宝宝在想什么

思考“我是谁？”是1岁宝宝这一年的功课。

他们开始有自我意识、有主见。不再是爸妈说什么就是什么，亲子之间的意见开始不一致，玩具、饮食及穿着等都有的吵。

爸妈此时该学习的是如何放手和帮孩子踩刹车。

家庭排行对孩子的个性有没有影响？

独生子女和有兄弟姐妹的孩子各该学习什么？

如何和1岁宝宝一起迎接新生儿？

如何消弭他们的担忧、不安和嫉妒？

又该如何面对坏脾气的小人儿呢？

请到本章中去寻求答案吧！

想知道“我是谁?”

随着1岁宝宝慢慢长大，他们独特的人格特质也越来越鲜明。由于1岁宝宝的活动力越来越强，再加上表达能力越来越好，因此他们在家中的存在感也越来越强。每次表达自己的主见，都是进一步发展自我认同、认识自己是什么样的人的机会。在这个阶段，他们有时也会使用实验法，想要尝试不同特质让自己感觉看看。这样的探索旅程相当重要，宝宝需要找到属于自己的方式来做自己。宝宝和成人一样，会有不同的做事方式。

有些妈妈会聊到她们的1岁宝宝，以及早上他们是如何起床的。有位妈妈聊到她女儿早上在婴儿床醒来时，至少会先玩半小时的玩具，之后才需要父母过去安抚她。她的父母通过婴儿监听器可以听到她的笑声以及和玩具讲话的声音。另外两个妈妈对这样的情形半信半疑，她们说自己的孩子早上一起床，一定会先哭得很凄惨，希望别人把他们抱离婴儿床。最后一位妈妈说上述情况都不符合她的孩子，她的女儿会在睡醒后，用尽吃奶的力气大叫，直到有人过去看她。她的叫声震耳欲聋，大家都忍受不了，会立刻过去安抚她。

贴心小叮咛

欣赏宝宝本来的样子，让他们能够自在地“做自己”。

有些宝宝在这个阶段很喜欢在家里出风头，有些则比较低调，甚至还需要特别的鼓励才肯表达自己的立场。无论是哪种情形，重要的是由宝宝采取主动，而不是刻意强迫宝宝适应某种模式。

以下情况可能会在不知不觉中发生。有时候，宝宝可能长得跟某个亲属很像，由于太相像，常会让人忘了眼前这个宝宝。宝宝也有可能很像某个已经过世的家人，有时候，1岁宝宝会在某方面“取代”其在家中的地位。当宝宝逐渐表现出了自己的人格特质时，一般人可能很难察觉他和相像亲人之间的差别。当年幼的孩子出现了和预期模式不同的行为时，家人可能会有点惊讶，甚至有点难过和失望。这时，宝宝可能会压抑自己或无法表现真正的自我，因为他们会觉得自己的人生并不是真正属于自己的。

贴心小叮咛

宝宝不是任何人的替代品，他们是独一无二的。

同样的情况也会发生在父母过度期望孩子达成自己未达成的愿望时。桑多 • 马芮（Sándor Márai）就在他的小说《余烬》（*Ember*，1942）中描述了这一情况。一位在陆军服役的年轻音乐家提到他的人生，他从小就不被当作一个独立的个体看待，虽然他的父母为他

贴心小叮咛

当孩子的表现不如预期时，请不要表现得太失望或难过。

的教育和生活牺牲了很多。他相信自己是父母的“杰作”，但同时也迷失了自己，无法过真正属于自己的生活，也无法将音乐注入生命。

只有真正了解自己的宝宝，才可以帮助他们认识自己，而不会永远活在别人的阴影下或只为某人达成心愿。只有做自己，他们才可以尽情地发挥各种潜力。要这么做，就必须从家庭做起。宝宝在家中所扮演的角色在某种程度上会跟他在家中的排行有关。如果1岁宝宝是老大、是独生子女或是还有哥哥姐姐，他所扮演的角色都会不一样。

排行各有各的优点

如果你的1岁宝宝是老大，那么他可能会比其他有哥哥、姐姐的宝宝获得母亲更多的关爱。这有很多好处：父母会把全部注意力都放在他身上，这是一件很特别的事。大家很快就会注意到，也会很高兴地看到宝宝在生理上的成长。当宝宝开始咿呀学语时，大家都会洗耳恭听，家中老大所有的第一次都是家里的第一次，因此任何经验都很宝贵。从情绪层面来看，排行老大还有其他优点。当有弟弟妹妹来报到时，你的1岁宝宝

贴心小叮咛

排行老大最受宠爱，要学习的功课是包容。

可能得学着去包容自己的嫉妒，而这种情绪总会得到解决。这些儿时的经验将有助于他们在以后处理人际关系中类似的感觉。

如果1岁宝宝是家中的独生子女，那么他会享受排行老大的一些好处，同时可以很自在，也很习惯和大人相处，也因此可以听到大人间很多有趣的对话。有独生子女的爸妈总是煞费苦心为孩子及其朋友安排固定的亲子同游的游戏日，使他们可以跟同龄的小朋友混在一起，这对孩子是有帮助的，而且会很有趣。

如果1岁宝宝已经有了哥哥或姐姐，就得面对不同的问题。在大家庭中成长也有好处。目睹家庭生活的混战，亦有无穷的趣味和启发。1岁宝宝或许会遭到哥哥姐姐的嫉妒，但如果运气好，哥哥姐姐也可能变成很好的玩伴，可以一起玩“学习有礼貌”游戏。如果你的孩子从小就很习惯过集体生活了，那么学习分享和过集体生活对他们来说就比较不成问题。

> **贴心小叮咛**
>
> 有哥哥姐姐的宝宝比较容易适应集体生活和学习分享。

新弟弟或新妹妹会不会抢走妈妈？

1岁宝宝不用等到新生儿出生就能感受到自己的地位受到了威胁。

朱莉已经快满2岁了，她的睡眠质量一向不错。但从上个月开始，她一个晚上要起来找妈妈好几次，每次被带回自己的房间，她都会大哭大闹。她在白天也比平常更黏妈妈。她的妈妈已经怀孕7个月了，因此朱莉在半夜醒来对妈妈来说是相当大的负担。有天早上，朱莉的妈妈想跟她沟通这件事，告诉她要在自己的房间睡觉，不能老是黏着妈妈。当朱莉听到这些话时，脱口而出地问："那为什么宝宝总是跟着妈妈？"

妈妈听到了朱莉精准的说辞，吓了一跳。突然间，她了解了女儿的感受。朱莉不只睡前要和妈妈道晚安，白天也要忍受和妈妈多次的分离（到家里不同的房间、妈妈跑去接电话，等等）。但无论如何，尚未出生的宝宝总是待在妈妈的肚子里，日夜待在妈妈的子宫里。如果从这个角度来看，的确令人感到相当心痛又不公平。朱莉的妈妈已经比较能够跟她在这件事上面进行沟通了，让她说出了自己的感受，并且帮助她面对这个痛苦的经验。这样，朱莉的情绪才能得到安抚和发泄。这和妈妈安抚尚未出生的宝宝的情绪是不同的，但至少根据妈妈的了解，这么做可以让朱莉有安全感。

随着妈妈的肚子越来越大，朱莉和妈妈仍然保持着这类对话，这样妈妈才得知朱莉对尚未出生宝宝的很多冲突情绪。朱莉用语言表达心中的感受和敌意可以帮助她控制情绪，也让妈妈更注重给朱莉安全感。在生产的前几周，朱莉的妈妈和她讨论了宝宝出生后应该睡在哪里的问题。朱莉早就看过摩西的小摇篮了，但更难以解决的问题是摩西的小摇篮要放在哪里。朱莉觉得花园是一个好地方。妈妈花了好大的力气才说服朱莉不可以这么做。但这又是一个让妈妈知道朱莉心中忧虑的好机会，朱莉担心宝宝出生以后会占据家中所有的空间，到时候妈妈会忙不过来。

在新宝宝出生前，妈妈和朱莉之间的这种对话对1岁宝宝有很大的帮助。更重要的是，1岁宝宝可以事先知道新宝宝出生后的相关安排（谁来照顾1岁宝宝，1岁宝宝要多久以后才可以见到妈妈和新宝宝，等等）。或许，事先的安排可以帮助妈妈在生产后有足够的精力照顾1岁宝宝，同时又可以兼顾婴儿床里的新生儿。

贴心小叮咛

妈妈怀孕时就应该和1岁宝宝展开对话，聊聊新宝宝，听听他的想法，甚至采纳他的建议，当然是可行的建议。

怀孕的妈妈除了得面对身心的沉重负担，还要照顾学步儿，这是相当累人的。有位挺着大肚子的妈妈就泪眼汪汪地告诉友人，要照顾1岁宝宝实在太难了，但如果连现在都无法应付，到时候要怎么同时照顾两个孩子？另一位妈妈回想了她当年的经验，她说挺着大肚子照顾学步儿比照顾两个或三个已经出生的孩子还要辛苦。新生儿为家里带来了莫大的喜悦，1岁宝宝心中虽然五味杂陈，但当她看到新生儿健康正常时，心中还是会松一口气。

如果妈妈喂母乳，会在新生儿身上花很多的时间和精力。

分泌乳汁的过程对身体是相当大的负担。如果妈妈发现自己身体负担过重，就应该找机会尽量休息，同时接受各式各样的协助。

在1岁宝宝面前喂母乳是相当敏感的事。有些小孩看到妈妈喂婴儿母乳的亲密画面会觉得很难接受。虽然1岁宝宝在不久之前也在喝母乳，但是看到妈妈喂婴儿母乳会让他们感到很难过，好像在提醒他们，自己已经不是小宝宝了。在这种情况下，他们本来一心想赶快长大，突然间，又很想回到小时候。妈妈会觉得自己摆荡在两极之间，一方面要喂母乳，另一方面又要安慰沮丧的、想要引起父母注意的学步儿。另外，新生儿喝母乳时需要不受打扰，这样才可以安静地和妈妈相处。

这时，爸爸可以发挥很大的作用，给喂母乳的妈妈和1岁宝宝生理和情绪上的协助和支持。无论是爸爸还是妈妈，都难免有觉得筋疲力尽或是相当脆弱的时候。对1岁宝宝来说，和爸爸有特别的相处时间可以缓解因为看到妈妈在新生儿身上投注的精力和注意所带来的冲击。但对单亲妈妈来说，这段时间可以说是最艰难的，因为她们既要喂奶，又要面对1岁宝宝情绪上的不稳定。寻求家人或是友人的帮忙，至少可以使妈妈不受打扰地喂母乳，这是一个相当不错的办法。如果没办法，可以先用饮料、饼干或一些活动安抚比较大的孩子，让他们独处一下，帮助他们控制情绪，觉得自己受到了照顾，感受到妈妈也很在意他们。有时候，当这些方法都不管用时，先别沮丧！毕竟没有人是超人，下次这些方法也许就会有用了。

宝宝有主见了

我们在前面已经提到1岁宝宝开始有了自己的主张，这对他们来说是相当重要的。有自己的意见、好恶和最爱都能让人成为现在的自己。父母或许在原则上想要鼓励孩子有自己的主见，但也知道这是一条布满坎坷之路。当孩子开始有主见时，父母必须认识到有时候他们的喜好和自己的并不一样。

洁西卡很喜欢娃娃，也收到很多娃娃礼物。不过没多久，就可以看出来在这么多娃娃里，她最喜欢的是“假期海蒂”。洁西卡觉得海蒂很漂亮，但是妈妈不这么认为。妈妈希望她喜欢更有品位的娃娃，但事与愿违。海蒂是一个超艳丽的娃娃，且要跟着洁西卡全家出席所有社交场合。洁西卡的妈妈后来终于明白了，孩子一定会有自己的意见，他们可不是布娃娃。

玩具只是1岁宝宝可能会跟你有不同意见的一部分。饮食则是另一部分。我们之前已经提到，虽然孩子依赖父母喂食，但他们仍会有所选择。就跟大人一样，孩子也会对食物有偏好。有些食物对他们来说就是比其他的好吃。只要饮食均衡，这些喜好都应该受到尊重。但要让年幼的孩子知道，尊重并不代表零食和布丁可以取代健康的正餐，不过这也不代表他们不会吵着要想吃

贴心小叮咛

知道尊重宝宝的意见，但也需知道该在什么时候说“不可以”。

的东西。别让年幼的孩子到生病时才知道吃太多零食是不健康的。有时候，对孩子说“不可以”是很重要的。尊重孩子的意见和视他们为完整的个体意味着知道他们的经验有限，同时准备好在理性与非理性之间划界限，好做出对他们最有利的决定。

有些1岁宝宝对穿着已经很有见解了。这又是一个可以在合理范围内让宝宝做出满意的选择的方面，可以让他们表达自己的看法。

安尼施非常清楚自己要如何打扮。妈妈知道他有一套特别的穿衣哲学，就像是让他穿上了盔甲保护他不受到攻击一样。妈妈会尽量让他自己做决定，因为她知道安尼施对这方面相当注重。安尼施喜欢穿一些让自己看起来既强壮又能干的衣服，例如，一件建筑师巴布[1]的运动衫就是他的最爱。此外，他也很喜欢穿另一件黑色的锐步运动衣。

安尼施总是知道自己要穿什么，他的这些衣服通常都放在衣柜抽屉的最下层。也就是说，每次他要穿衣服，就得先把其他衣服搬出来。妈妈每次都很头疼，但既然让孩子自己做主很重要，她也就只好忍下来。但每当安尼施走进自己的房间找衣服时，他

[1] Bod the Builder，是英国广播公司（BBC）的知名卡通人物。——译者注

总是会把已经烫好和折好的衣服翻得满地都是。这让他和妈妈之间的关系变得有点紧张，他们必须要妥协。妈妈跟他解释了问题的症结，安尼施想自己挑衣服穿，但妈妈又不想发脾气。因此妈妈建议，只要她在房间里，就请安尼施告诉她想穿哪件衣服，这样妈妈就会替他拿出来，安尼施不可以自己把衣服抽出来，因为这样会把所有衣服都弄乱。安尼施基本上同意，只需要偶尔提醒他一下就好。

贴心小叮咛

对于宝宝合理的主见，应该尊重；尊重他人就等于尊重自己。

但有时候，你会觉得自己跟孩子讲的话好像一点用都没有，根本无法解决问题。在这种情况下，1岁宝宝的表现自我和把事情弄得乱糟糟其实只有一线之隔。有时候，刚开始是一回事，但是最后又演变成另外一回事了。有时候，光是一大早让孩子穿好衣服准备出门就已经比登天还难。你会发现自己手上拿着背心追着孩子到处跑，一心只想找机会帮他穿上。时间一分一秒地逼近，你已经快要来不及了，但孩子似乎就是铆足全力要跟你作对，这是常会遇到的情况。或许这种场景会提醒大家，这就是小孩子，也因此照顾小孩子相当累人。有时候，孩子顽固的行为似乎就是要让父母伤脑筋，也为了看看父母会如何处理这种情况。为什么会这样？父母究竟该怎么做？

放手让孩子自己来，同时用理解和包容来帮他们踩刹车

父母有不同的管教孩子的方式。有些父母认为打巴掌就是表达“绝对不行”的意思。如果孩子的行为已经太过分了，父母会使用这种方式来管教。虽然家长在无计可施时可能迫不得已才会使用打巴掌的方式，但如果经常使用这种方式，是没有任何帮助的。这并不是聪明的做法，孩子会认为他们行为背后的某些感受已经引起了父母的肢体反应。他们会认为父母并未先思考或是以比较包容或体贴的方式来对待他们。当然，未来的日子还很长，因此了解、思考和包容孩子的情绪从长远来看对他们很有帮助。

回过头来，我们试着用1岁宝宝的视角来看这些问题，就会有更多的发现。日常生活中有很多事情是家长可以做、但1岁宝宝不能做的。这也是孩子会不断表达不满以及愤怒的原因。由于他们还小，因此每当他们合理地坚持“我自己来”而且做得还不错时，虽然只是一小步，却是相当重要的一小步。尊重孩子所取得的适当成就，并且帮助他们在此基础上继续发展，是相当正面的做法，这样可以帮助他们尊重自己。

当然，如果宝宝觉得父母尊重他们，可以帮助他们尊重自己。而对孩子说“不可以”，是为他们划清楚的界限，是为他们好。此外，这也反映出了父母对孩子行为的忍耐极限和处理方式。无论是家长还是其他照顾者，这些极限将会延伸到最大限

度。孩子会不断地试探父母，而且这种试探往往会直指父母最脆弱之处。父母之所以会一忍再忍，是因为他们一心一意只想把孩子抚养长大。但在这个过程中，父母不仅需要随时给予孩子情绪上的支持，还要帮助孩子吸收或控制在成长过程中要遭遇的挫折；但是每个人都有极限，因此让孩子了解每个人都有自己的极限也没有什么不好。如果以这种方式尊重自己，孩子很快就会知道父母是真的在说“不可以”。

家有喷火龙

有位妈妈请教了另一位经验较为丰富的父亲，问他的孩子大概是在什么时候开始有脾气的。他回答说，在他的记忆中，孩子在2岁前就开始有脾气了，而且好像从此以后就一直是这个样子。

另外一位妈妈谈到她的情况。她本来是一位相当成功的教师，后来辞去了工作，回归家庭照顾大儿子乔治。她在学校已经习惯掌控班上的30多位青少年了，所以非常在行。有天下午，在厨房里，乔治开始尖叫，把食物乱扔，最后还出现了经典的一幕——把碗倒扣在自己的头上。乔治的妈妈说，她看到这个景象时，心情只能用“无能为力”来形容，心想：“我现在该怎么办？”

当自己的孩子发脾气时，父母心里可能会受到冲击，感到害怕。在乔治的这个例子里，乔治发脾气时是在自己的家里，如果是在公共场所（这是相当常见的），父母和照顾者必须忍受旁观者的议论和收拾残局所带来的屈辱。有趣的是，如果孩子真的在公共场所发飙，最感到不解的是其他年纪比较小的小朋友。他们通常会走过来看着不断尖叫的孩子，好像他们正试着解决这件事情。同时，这些小朋友也会感到相当不可思议，因为他们本身也有类似的情绪。

1岁宝宝一方面想要依赖，一方面又想要主导大局，因此对他们来说，要找到平衡是一件很没有安全感的事。有时候，某件最小的事都会打破平衡，而且打破平衡的通常并非事情本身，而是一件件慢慢累积的事情所导致的结果；同时，1岁宝宝会觉得自己弱小，因此想要扮演强大的力量；有时候，他们觉得长大很辛苦，因此又想要变回小婴儿，这些情绪累积到最后就会爆发出来。

贴心小叮咛

在孩子生气发脾气的背后，其实隐藏着恐惧。

尼克的妈妈带着他和姐姐到玩具店。他们要为朋友挑选生日礼物。没多久，尼克就迷上了一件玩具，每当尼克做了某个动作时，它的灯就会亮，还会呼呼地转。当大家要离开玩具店时，尼克紧抓着玩具不放说：“我的！”尼克的妈妈想要说服他把玩具放回去，却徒劳无功。最后，尼克的妈妈只好硬生生地从他手中把玩具抢走，这时她觉得身边有好多双眼睛正盯着他们看。对尼克来说，这简直是世界末日。他生气地尖叫，尖叫声穿透了整间玩具店。尼克不愿听从母亲的话乖乖坐回婴儿车，他缩着背又溜下婴儿车，当妈妈把婴儿车推出店门口时，他还把一只脚伸到了轮子底下。尼克不断地想挣脱婴儿车的安全带，还一直尖叫。尼克的妈妈说，当她最后终于走出那家店时，整个人都在发抖。

1岁宝宝通常会一股脑儿地把脾气发在自己的母亲身上，有时候是取代母亲的照顾者。大人的任务就是要安抚孩子糟糕、困惑又害怕的情绪。1岁宝宝需要父母的协助做到这一点。此外，孩子的这些极端情绪是无法用其他方式宣泄出去的。但父母要如何回应呢？或者套用乔治妈妈的话，“我现在该怎么办呢？”

如何让暴走小子冷静下来

许多父母经过了很多的尝试和失败才找到了答案。比较有经验的家长至少知道哪些方法不管用。举例来说，父母很快就会知道甩巴掌只会让情况变得更糟。在前述情况下跟孩子讲道理也是没用的，因为他们根本听不懂。通常，父母会发现，抱抱孩子（如果他可以接受）是最好的办法。父母可以告诉他，你会保护他，然后再继续说几句安抚的话，直到他冷静下来。另外，父母本身如果也在气头上，最好什么也不要说，直到

> **贴心小叮咛**
>
> 当孩子发脾气时，打他、骂他、凶他都没用，讲道理也无效，最好的方式就是抱抱他。

自己冷静下来。尼克的妈妈说，她要一直走一直走，直到她觉得够冷静为止。只有在这个时候，她才有办法去安抚尼克，使他也冷静下来。

你的孩子在发完脾气以后，或许也会全身发抖。如果此时爸爸刚好下班回到家，便可以使情况稍微缓和一些，紧张的母子关系有了可以喘息的空间。妈妈也因此有机会得到爸爸的关心和鼓励。父母这时可以一起想想办法，弄清楚到底发生了什么事，孩子发脾气的原因是什么。单亲家庭遇到上述情况时也很需要帮忙，和好朋友或家人聊聊，会使情况有所改观。如果这样还不够，就得求助于咨询或父母团体了，自己每天背负这样的担子可能太沉重。

孩子多多少少都会发脾气。但是如果你觉得他总是在生气，或许你要仔细想一想，是否有什么事情影响到了孩子，可能要请教家庭医生，看是否需要介绍转诊。

当孩子不再发脾气时，家长或许可以和孩子一起讨论刚刚发生的事，以及遇到的问题。孩子最担心的可能是发脾气对父母造成的冲击，他们表现的方式就是一直黏着父母或焦虑不安。父母可以告诉孩子，他们可以思考一下刚刚发生的事，就算父母无法回答所有的问题，这么做也可以让孩子感到安心，表示父母不介意之前所发生的事，会继续扮演协助他们宣泄情绪的角色，同时也够坚强，可以忍受他们最激动的情绪。

让孩子知道父母能够忍受他们最激烈的情绪，可以带给他们很强的安全感。如果类似的情绪无法获得包容，是非常危险的，而且会一直困扰年幼的孩子。事实上，攻击行为、敌意或突然爆发的情绪都存在于孩子非理性的恐惧与害怕的背后。这些情绪可能会依附于一些相当普遍的物品、动物或是昆虫，孩子可能认为那是对他们的攻击。这时，有攻击性的情绪和刚开始类似的情绪投射之间已经没有任何关系，它只会存在于孩子害怕的东西上。

伊莎贝尔在1岁零8个月大时和家人搬到了新家，她似乎适应得相当不错，她很喜欢自己的新房间，喜欢在新的花园里玩耍。但是突然间，她对浴室的热水器很不能忍受。每次热水器一发出噪声，就好像要了她的命一样。一开始大家只是有点担心，但最后严重到伊莎贝尔连热水器附近的地方都不愿意靠近了。当妈妈晚上想要带她进浴室洗澡时，她会一直尖叫，明显感到很害怕。不管妈妈怎么说都没用。最后，妈妈只好在厨房的洗碗槽里帮她洗澡，然后利用这个机会和她讨论了热水器的问题，让女儿知道她了解她的恐惧，要她不用害怕。最后，伊莎贝尔的恐惧逐渐消失，一切又恢复了正常。

贴心小叮咛

等孩子发完脾气，再来跟他谈一谈刚才所发生的事和问题。

除了上述情形，理解和忍受孩子的恐惧可以让他们觉得每天的生活都是在一定的安全范围内。适度地限制孩子的言行举止是要告诉他们不可以对妈妈有太多的敌意、发太大的脾气。如果父母可以分工合作，妈妈就可以扮演忍受孩子情绪的角色，爸爸则可以做划界限的人，适度地限制孩子。最重要的是保护妈妈不致不堪重负。单亲家庭在这方面或许需要一人分饰两个角色，不然就得请朋友或家人协助。无论如何，如果1岁宝宝觉得自己处在一个稳定的环境里，可以包容他们最强烈的情绪，他们就比较不会焦虑，类似的恐惧就会消失。

第四章

1岁宝宝需要什么

“有爱就有责任。”1岁宝宝最需要什么？

妈妈的陪伴，是母亲责无旁贷的责任。

但是当母亲因照顾宝宝也压力过大时，或为了经济因素、个人因素必须重返职场时，该如何处理呢？

其实，适度短暂的分离对妈妈和宝宝都是好的。

只是该如何让短暂分离的痛苦过程尽量缩短？这与彼此的信赖有关。该如何建立亲子间的信赖感呢？

除此之外，如何在兼顾宝宝的感受的同时，帮助孩子建立有规律的生活。

这是很重要的一章，千万不要错过。

需要妈妈陪在身边

宝宝还很小的时候，就算和妈妈在同一栋房子里，只要她到不同房间去了，宝宝就会号啕大哭。在这个阶段，他们一看不到妈妈，就像到了世界末日一样，感到无比孤单。1岁宝宝会渐渐不这么焦虑，虽然他们发现妈妈离开了房间，但已经学会忍住心中的焦虑；此外，根据过去的经验，他们知道妈妈一定会回来，因此心中会这么期待。不过当他们看到妈妈进进出出时，心中仍会不断挣扎，或是以不同的方式来处理这种情况。

荷丽1岁零5个月大时，有一天吃完饭后，她坐在高脚餐椅上，用空杯拍打桌子表示“没有了”。然后她会说：“下去。”让妈妈把她从高脚餐椅上抱下来。下来以后，荷丽会稍微跳一跳，说：“跳。”然后她露出了微笑。妈妈则在身旁附和她说：“对，跳跳跳。”当妈妈离开房间去为她准备洗澡水时，她的反应就是继续跳，每跳一下都说一次“跳”。然后，她从房间的另一边拿了一个气球，说：“球。”她用手指仔细指着写在气球上面的字，之后再把它丢到地板上，说：“跳。”她很喜欢这个游戏，会很用力地把气球丢在地板上。后面几次，当荷丽把气球丢到地板上时，她会说：

> **贴心小叮咛**
>
> 如果处理分离情绪的方式受到约束，长期下来对孩子不是好事。

"妈妈跳。"

荷丽玩这个游戏的目的似乎就是要掌控妈妈的进出，她不想只是很难过地看着妈妈"离去"。这个游戏可以改变让荷丽不舒服的场景。她改变了当个小婴儿的体验。她把妈妈从高脚餐椅上抱她下来的事实变成跳跃，这样在她心中，她就是可以掌控全局的人。气球则变成了母亲，这样荷丽就可以任意地把它丢在地上或是让它弹起来。在这个游戏中，荷丽学习着如何面对和妈妈的分离。在这个阶段，荷丽需要学习克制自己的情绪，这样她才能忘却分离的痛苦。

贴心小叮咛

爸妈最艰巨的工作就是读懂孩子的心。

有时候，当妈妈和其他人一道离开了自己的视线时，1岁宝宝会大声抗议，就算和妈妈一起离开的人是他所熟悉的爸爸、奶奶或是信任的保姆也一样。父母可能会对此过度担心，但是小婴儿只是在告诉妈妈，她对自己来说有多么重要——当心爱的人离开身边时，他们会很难过。年幼的孩子在这时需要安慰，有经验的保姆就可以做到这一点。如果宝宝对妈妈的离开完全无动于衷，可能更令人担心。如果遇到这种情形，父母可能会思考，为什么1岁宝宝面对分离时没有任何反应。有可能是因为宝宝感受到了压力，让自己必须表现出超龄的独立，因此他们完全隔离了自己的感受。如果处理分离情绪的方式受到约束，长期下来对孩子并不是件好事。孩子必须知道他们是可以公开表达分离带来的痛苦感受的，可以让周围的大人知道，这样才有办法以正面的方式来正视和宣泄这些情绪。

短暂分离对宝宝和妈妈都好

短暂分离对1岁宝宝和父母都有好处。妈妈可以有几小时的时间恢复精力，宝宝则可以从妈妈获得了足够的休息中获益。在那几小时里，1岁宝宝有机会和其他人发展出比较密切的关系，以丰富他们的生活。只要母亲离开的时间不超出宝宝所能忍受的范围，他们也会因为自己可以面对妈妈不在时的情绪，而显得怡然自得，甚至还蛮喜欢这样的经验而带来的成就感。有时候，父母会把这项活动列为每周的例行事务，而固定的短暂分离并不会对宝宝造成任何问题。

安的妈妈每周都会在固定时间上瑜伽课，安的爸爸则会配合妈妈，提早下班来照顾女儿。这样的安排不只让安的妈妈有了一些属于自己的宝贵时间，也可以让安和爸爸有机会单独相处。送妈妈去上课之后，安和爸爸会一起坐“红色大巴士”回家。他们总会在安现在最喜欢的“克斯比”餐厅门口下车，去那里享用大餐。这样有规律的作息，包括将短暂的分离纳入宝宝的生活，同时提供了一个空间，让宝宝可以深化自己与重要他人的关系。因为每周

> **贴心小叮咛**
>
> 妈妈只要在宝宝能够忍受的时间内回来，短暂的分开就是没问题的。

的模式都比较固定，1岁宝宝也会觉得自己比较能够掌控分离。安和爸爸在没有其他事情的干扰下，总能玩得很开心。

贴心小叮咛

快乐地去做自己喜欢的事吧！宝宝有其他大人来照顾，没事的，妈妈！

我家宝宝适合哪种育儿方式？

有些妈妈在生完宝宝不久，就必须返回全职的工作岗位，有的妈妈是出于自愿，有的妈妈是出于经济需要。有些人会先在家里担任一阵子的全职母亲，有些人则选择在宝宝一两岁的时候担任兼职工作。如果母亲考虑在某个阶段返回工作岗位，幼托就会成为家人要郑重考虑的问题。

除非妈妈非常幸运有亲戚住得很近，愿意帮忙；否则大部分人都需要找保姆、保育员或是护士帮忙。父母会根据孩子的需要来做决定，同时也会考虑家附近的所有选择。有时候，某个选择在某方面的条件相当不错，但在其他方面则不见得合适。父母必须进行多方考证，并和邻居多聊聊。在做决定时，父母总是希望在孩子的成长阶段给他们最好的照料。

互惠保姆[1]通常年纪都不大，因此会觉得照顾1岁宝宝的责任相当重大，也比较喜欢和妈妈或比较有经验的照顾者一起工作。

[1] 以帮忙做家务等换取食宿的人。——审校者注

合格的上门服务保姆通常对照顾这个年龄的孩子比较有信心，因为他们接受过具体的训练，而且通常之前也都有过相关的经验。居家保姆通常是家庭主妇，有照看自己的孩子与家庭的经验，因此可以在她的家中为你的孩子提供有家庭气氛的环境。同时在她家中，还可能有不同年龄的孩子，使不同年龄层的孩子像兄弟姐妹般相处。不同的托儿所之间会有很大差别，但是一个机构化的环境必定会让你的宝宝感到陌生，因此有可能无法满足宝宝在这个阶段的需求。

贴心小叮咛

1岁宝宝不适合去托儿所。

有些托儿所会让你对它们的高效率印象深刻，但是做事有效率并不代表他们亲切与热情。这么年幼的孩子仍然无法面对机构里的集体生活。1岁的宝宝需要有一个值得信赖的大人与之相处，包容他们的感觉，帮助他们处理情绪与各种经验。要孩子和一大群工作人员而不光是与某个固定的人相处，是相当困难的。尽管如此，信誉良好的学龄前幼儿游戏组和托儿所采用的是固定的“主要工作者”系统。每个孩子都有一位专门工作人员负责照顾，使孩子能够和这位工作人员建立特别的关系。唯一的问题就是这样的制度运作起来到底多有成效是值得商榷的。

有了这些概念以后，我们要知道这个阶段的宝宝所需要的是当妈妈不在家时，会有一位敏锐、体贴又有热情的照顾者，让他们处在安全的环境中，帮助他们处理白天的事情，直到妈妈回家。这是相当重要的工作。因此寻找合适的托儿方式可能又会为父母带来相当大的压力，甚至困扰，尤其是对母亲来说。一旦找到了适合的托儿方式，大家也就可以好好地松一口气了。

为1岁宝宝找到适合的托儿方式以后，接下来要面对的就是如何处理分离的问题。介绍新的保姆、老师，或是介绍新环境给孩子认识，或是和孩子一起待在新环境里，都可以帮助孩子对新的人、事、物产生较多的安全感。此外，用简单的语言为1岁宝宝介绍新环境也会有所帮助。1岁宝宝最想知道的就是妈妈什么时候回来。如果宝宝看到你信心满满，就算分离的时候很痛苦，他们还是会安然无恙。虽然有最好的计划和细心的准备，但如果第一天早上回家后，你在洗衣机里发现了汽车钥匙，可千万别惊讶！

亲密关系的爱与苦

爱得越深，我们就越容许那个人深入地了解你，你也会深入地了解他。这种强大的亲密关系也会使你变得相当脆弱。自己会深受对方的思想、感情和来去的影响。自己会依赖对方，同时由于已经向对方敞开了心扉，也比较容易受伤、受挫，但是也会觉得自己要对对方负责，不要做出任何伤害对方的事。如果亲密关系为自己带来了痛苦，自己或许会停止付出感情，保持冷漠，不愿再爱这个人而选择人生的其他目标。这么做就是不想因为付出太多而受伤。但是这样一来，将会遇到另一个更严重的问题，自己将会失去作为一个个体的可能性，同时也失去了发展亲密关系的机会。

亲子关系是相当重要的，因为这种关系是人在一生中第一次体会到真爱的经验，而且这种关系是可以经营的。这种感觉和热恋中的男女并不一样。1岁宝宝作为一个年纪轻轻的小爱人，在他们眼前的路可不容易，不只是因为他们需要安于自己那无助而依赖的情绪，还必须习惯分离所带来的挫折感。1岁宝宝渐渐体会到妈妈是一个独立的个体，有自己的情绪。这样的体认让他们感到更痛苦。1岁宝宝很需要母亲可以安抚、容忍自己的各种感受。他们一直有这样的需要，但他们也发现这增加了妈妈的负担，看到妈妈为自己而受罪，宝宝也会担心自己对妈妈造成的伤害。爱和责任是相辅相成的。当宝宝因为知道自己无法完全占有母亲而心碎时，我们只能希望父母可以一起来安抚孩子。

贴心小叮咛

有爱就有责任。

要了解1岁的宝宝，就必须了解亲子关系中浓烈的感情以及痛苦。这个年纪的宝宝已经到了“很难不注意周遭所发生的一切的阶段”。尤其是对于他们所深爱的事物。孩子对任何事都没有什么经验，这意味着他们很容易感到困惑。但是孩子身上浓烈的爱还是显而易见的。

路卡的妈妈说她人生中最惨的一段时间就是路卡快满1岁前要断奶的那几个月。有时，她喂奶喂到一半时，会想到一些问题，心情因此相当低落。虽然她很确定自己没有表露出来，但她惊讶地发现，路卡居然也会停止吸奶，然后伸长脖子看着她的眼睛。路卡忧心忡忡的眼神让妈妈很惊讶，他仿佛在研究妈妈脸上的表情，直直地盯着她。通常，她会冲路卡笑一下或是跟他说说话，之后路卡才会再继续喝奶。

贴心小叮咛

妈妈心情不好，宝宝也会皱起眉头，他们对妈妈的心理状况是非常敏感的。

婴幼儿就像路卡一样对妈妈的心情和心理状况相当敏感。如果他们发现妈妈的心情很好，就会很放心，也会很有安全感，知道妈妈有足够的力气照顾他们。但是，如果妈妈发现自己已经忧郁了很长一段时间，可能就需要看一下医生。孩子还小的时候，父母的确很辛苦，因此父母更需要互相帮助，直到孩子们独立。

对1岁宝宝来说，紧密的亲子关系和所带来的责任感使他们一直在学习如何面对和心爱的人分离所产生的挫折和痛苦。问题并不在于如何使孩子完全不受情绪的影响，因为这些感觉都是身为人在接触世界时会产生的正常情绪。如果父母可以理解1岁宝宝所要忍受的强烈情绪，就比较可以从旁协助。如果有人可以了解你，会大大地减轻你内心的痛苦，同时也会帮助你在内心建立对一个人或一双父母的信心，这种信心可以支持你面对无法避免的分离和人生百态。

建立信赖感

要帮助1岁宝宝建立这种信赖感，首先要从信任生活中的重要他人开始，通常是父母。在某些单亲家庭里，还包括扩展家庭里的一些亲戚。父母可以用很多方式帮助宝宝产生信任感，其中之一就是处理好分离的问题。

娜塔莎的父母很担心她。她在22个月大时变得很黏人，不准他们离开她的视线半步。如果他们想要离开一下，举例来说，在去采购日用品时将她暂时交给保姆，娜塔莎似乎都能事先察觉(虽然他们都很小心不在她面前提起)，然后她就会变得很难搞定。在要带她去临时托儿所时，她也会开始尖叫。娜塔莎的父母因此特别担心，尤其是当开始每周三次送她去学龄前幼儿游戏小组里玩几小时时，过程并不顺利。

娜塔莎的妈妈说他们会送她到游戏小组，然后趁娜塔莎专心玩黏土时溜走。这个方法一开始很有效，但是有几次他们不得不提早去接她，因为就算是很有经验和爱心的老师也无法安抚她的情绪。最近，当他们送她去时，她会紧抓着爸爸或妈妈的手不放，就算她的另一只手仍在玩黏土也不放。虽然他们想离开，但是因为娜塔莎尖叫得太厉害，父母也不敢贸然丢下她不管。

娜塔莎的父母和老师经过一番长谈，同时对于娜塔莎对分离的焦虑进行了深入思考，最后他们决定采取不同的方式处理分离问题。在娜塔莎努力适应游戏小组时，他们尽量不会将她留在其他更不熟悉的临时托婴处。同时也开始以简单又有自信的方式在去游戏小组前就让她做好心理准备。他们告诉她，爸妈只会陪她待5分钟，之后就会跟她说再见，但一会儿之后就会再跟她见面，并接她回家。娜塔莎虽然还不会讲话，但明显听得懂这些，然后就开始哭泣。她的父母表现出了对她的心情的理解，但仍然相信她不会有事的。

贴心小叮咛

分离对孩子来说就像到了世界末日，父母处理得好，就能获得孩子的信任。

娜塔莎在事前虽然很伤心，但至少她的父母在事前让她有机会表达心中的忧虑，因此当娜塔莎真的要和父母分离时，她似乎没有那么焦虑了。当爸爸、妈妈跟她道别时，娜塔莎仍然会大声抗议，但无论是爸爸还是妈妈，都没有心软，将她交给了托儿所的老师。娜塔莎开始认识到这是例行的步骤了，同时也觉得自己比较可以掌握情况了，因为爸妈很直率地跟她说了再见。建立信任的过程似乎也在帮娜塔莎相信父母会照他们说的做，会再回来接她。

在不到2周的时间里，娜塔莎的父母终于放心地看到她不再那么黏人了。当老师说现在爸爸或妈妈要离开了时，她只会哭几分钟，之后就会去玩她喜欢玩的游戏了。同时，她在托儿所的情绪也比较稳定了，虽然老师注意到她在玩新游戏时会有点紧张，但只要稍加安抚，就可以稳定下来。从这种情况来看，让娜塔莎

贴心小叮咛

不要以为1岁宝宝听不懂，离开前最好先跟他沟通，一方面可让他表达心中的感受，另一方面要不断告诉他，爸爸妈妈一定会回来接他。

相信父母，知道父母一定会来接她，能加强她对父母的信赖。有了这个概念以后，再加上有细心敏锐的老师的照顾，让娜塔莎在父母不在身边时，也能保持稳定的情绪。

偶尔有些情况会导致1岁宝宝的行为退化，需要父母和照顾者一再向他们保证。有时，这种情况发生在孩子的成长刚有所突破时，因为他们可能对之前的进步有点困惑。不过，摇摆在充满自信而独立和缺乏安全感而渺小之间，是相当自然的，而且这种感觉会在整个童年持续。

规律的作息带给婴幼儿的安全感是不可低估的。正如我们之前提过的，宝宝很需要依赖别人，固定的作息使生活有了比较多的可预测性。如果宝宝很熟悉每天的生活作息，他会觉得比较可以掌控自己，也比较不会担心或害怕即将发生的事。当然，规律的作息需要保持弹性，使家庭成员能有一些自由。但是如果是跟宝宝吃饭睡觉有关的事，则需要尽量提供有安全感的环境。这样可以帮助孩子建立对家庭生活的信心，同时也可以尽量使他们生活在充满信任的环境中。

贴心小叮咛

规律的作息能给宝宝带来更多的安全感。

规律的生活是宝宝的好朋友

一夜好眠

对婴幼儿来说，能够一觉睡到天亮是相当了不起的成就。就像哺乳一样，如果1岁宝宝有任何担心或是不开心的事，睡眠就会受到影响。

此外，我们可以把睡觉这件事情想成另外一种形式的分离和道别。由于这段分离的时间会持续整个晚上，因此宝宝得面对许多的未知。宝宝无法安然入眠，可能是因为在情绪上没有足够的安全感，或是当他们在黑压压的夜晚睡着时，不知道父母是否会因此忘记他们的存在。这就得回到之前所讨论的有关信任的问题上。

夜晚的确存在很多令人容易做噩梦的因素，下面这首童谣道出了黑夜的神秘。

树梢摇着我的小宝贝，向他道晚安，
当风轻轻吹，摇篮晃呀晃，
树枝断裂时，摇篮掉下来，
我的宝贝也和摇篮一起掉下来。

这首童谣的歌词似乎让人没那么有安全感。但或许是因为很多父母拿它当摇篮曲，因此会以比较放松的方式唱出夜晚令人害怕、不安之处和对不可预知的恐惧。它也述说着父母能够安抚孩子害怕黑夜降临的恐惧。如果孩子知道自己在他们所在意的人心中占有一席之地，他们的信赖感和安全感就会比较强，而和父母是否能够掌握他们的情绪没有那么直接的关系。宝宝或许需要更多的信心，让他们知道自己和父母是不同的个体。

身为父母，你或许得坦然接受自己的孩子的确对黑夜有各种恐惧。如果能理解孩子对黑夜的恐惧就像其他形式的畏惧和恐惧一样，有可能都是他内心的一些敌意感的投射，或许会对父母有些帮助。如果无法弄清楚导致这些负面情绪的原因，父母就很难厘清这些情绪到底跟什么事情有关。孩子最初的愤怒可能已经转换成了无法解释的恐惧，不断地在夜深人静时悄悄出现。不过，如果父母先把这些愤怒当作孩子个性的一部分，或许反而可以帮助父母辨识导致孩子恐惧的真正原因，并且以更理性的眼光来看待孩子的这些情绪。

贴心小叮咛

别怀疑，1岁宝宝会因为担心或不开心而睡不好。

每天晚上固定的睡前仪式，或许可以使孩子有更多的安全感，让父母比较容易掌握他们的情绪，帮助他们入眠。

安妮睡觉前固定要做的事就是使用特定的字眼去“预测”她将要做的事。安妮喜欢事先知道接下来要做的事情，譬如：她在洗澡时就会去拿她的热毛巾，这条毛巾通常都会挂在暖气机上面。此外，她会喝杯热牛奶，听听睡前故事，通常在19点前就会入眠。

每天和这个年纪的孩子一起平静地度过这段时间，做些简单而熟悉的事，可以帮助孩子放松、稳定情绪。彼得和克里斯汀的家人在睡觉前也都有固定要做的事，其中包括吃一盘水果和听睡前故事。而在碧翠斯家，讲完睡前故事之后，妈妈总是会唱摇篮曲给她听。每个家庭都有不同的睡前仪式，但最重要的就是规律，使孩子能够在睡觉前有稳定的情绪。

贴心小叮咛

睡前仪式或许可以使孩子更有安全感。

当然，就算是规律的作息也无法保证每个家庭都能安然无恙地度过这段时间。有时候，洗澡时毛巾会掉到浴盆里，水果会掉到地毯上，安眠曲被不太悦耳的其他声音淹没……这就是实际的生活写照。不过幸运的是，就算有什么风风雨雨，仍然有方法使孩子和整个家庭紧紧地联系在一起。

不再包尿布

随着时代的变迁，训练孩子上厕所的方式也会有所不同。通常，父母所要面对的第一个问题就是该在什么时候开始对孩子进行如厕训练。以前的人好像在比较早的时候就开始训练孩子上厕所了，希望孩子能够在2岁以后不再使用尿布。现在的趋势则是比较晚才开始如厕训练，更会配合孩子的步调，等他们准备好不再依赖尿布了，再进入下一个成长阶段。

但外界的压力通常会迫使父母不得不开始对孩子进行如厕训练。有些父母可能会希望孩子在2岁左右每天去上几小时的托儿所。2岁通常是许多托儿所开始收托的最小年龄。有些托儿所可能比较喜欢已经会自己上厕所的孩子，但这对一般家庭来说可能还是太早了点。有些托儿所比较有经验，可以帮助父母训练孩子，这样的环境或许对孩子是比较适合的。

贴心小叮咛

什么时候该训练孩子上厕所？等孩子准备好的时候吧！

如果母亲又怀孕了，父母也可能比较积极地想要训练孩子上厕所。因为这样就不需要同时帮两个孩子换尿布了。但就算孩子已经会自己上厕所了，一旦看到有弟弟或妹妹出现，也可能出现退化行为，一味地想要再依赖尿布一段时间。同样地，当他们发现自己有了弟弟或妹妹时，就算之前已经独立吃饭一段时间了，或许还是会要求父母再喂他们吃饭。通常，1岁宝宝的想法是，他们觉得自己似乎不应该在这段时间表现得太独立，他们或许需要更多的安全感，知道妈妈就算在照顾弟弟或妹妹，还是会永远在身边照顾他们，满足他们的要求。

如厕训练还是得回归原来的主题，也就是跟信赖感有关，信赖感并不是一蹴而就的，需要时间慢慢培养。配合孩子的节奏来决定适合他的如厕训练时间是有实际理由的。一般父母认为，如果太早训练，整个过程反而可能会拖得更久。相反，如果孩子已经做好了准备，父母和孩子就可以达成共同的目标。

基兰的妈妈分享了她教导三个儿子上厕所的经验。她说大儿子让她觉得整个过程没完没了。有一次她沮丧到了极点，想象着儿子长到十几岁了还包着尿布的样子。轮到二儿子时，她就比较晚才开始训练他，但整个过程进行得相当快。轮到三儿子基兰时，她根本没注意到自己曾经花时间教他上厕所，好像他自己就学会了。基兰那时候似乎下定决心不再依赖尿布，就是这样。

孩子怎么才能知道自己有没有准备好？首先，他们的生理发育必须够成熟，括约肌够成熟，才能忍住大小便。此外，他们的情绪也得先做好准备，这就比较复杂了。

如果父母知道尿布对孩子的意义，或许会有所帮助。尿布对孩子来说是一种安全感的象征，它包住了可以交给父母处理的脏东西。尿布也象征着他们需要父母的包容来处理脏东西。当他们不再依赖尿布时，意味着必须放弃作为安全感来源的尿布，但是他们在心理上仍然紧抓住它所代表的意义。他们必须相信自己能够用其他方式处理自己的大小便，同时也得相信父母还是可以包容他们、给他们安全感的。宝宝需要舍弃能带给他们安全感的某样东西，另外寻找替代品。但如果宝宝的内心尚未发展出足够的信任和依赖感，他们很有可能在还没找到替代品之前就失去安全感。

建立信赖感和安全感需要时间，就如同宝宝会找到适当的时机不再依赖尿布一样。有时候，他们也会对尿布所包的内容物有所依恋，不太想要马上更换或清洗。随着渐渐独立，他们会更想要掌控这部分。这是相当敏感的事，因此父母在面对这件事情时需要有足够的敏锐度，因为当宝宝想要更独立、更有主导权时，也意味着在不久之后，他们会用同样的能力来告别使用尿布的日子。但目前，父母或许得先对宝宝妥协，使他们拥有足够的自尊。

家中的1岁宝宝或许在满2岁之前还没准备好接受如厕训练。但如果尿布湿了，他会跑到隐秘的地方去换尿布；对马桶产生了兴趣（自然发生的）；或是对尿布渐渐不耐烦了。这些表现都是在提醒父母，可以开始考虑对宝宝进行如厕训练了。市面上有许多以充满想象和趣味的方式介绍如厕训练的书。如果父母已经进入并不觉得这件事有什么压力的阶段，并且相信自己的判断，觉得孩子已经准备好了，或许这就是可以开始如厕训练的最佳时机。

贴心小叮咛

准备好进行如厕训练的征兆：孩子跑到隐秘处换湿尿布、对马桶有兴趣及对尿布不耐烦。

第五章

1岁宝宝的社交生活

此时，宝宝探索的触角从家里延伸到家门外的世界了。

父母可以带着宝宝到公园、游乐中心、商场里的儿童俱乐部、社区的游戏小组及玩具图书馆玩，这些地方都是不错的选择。

学习分享、认识新朋友和与人相处等重要课题，都可以帮助宝宝迈向更独立的生活。

外面的世界真奇妙

在家照顾这个阶段的孩子是一件很累人的事。你不到6点就得起床，可以想象今天一天的工作，不过如果能够在接下来的12小时找出一点时间出去走走，相信会是相当好的。如果有大人的陪伴，孩子可以更放松，无论你是父母还是其他照顾者，光是走出家门就可以让你的一天有很大的不同，孩子也可能有同样的感觉。出去走走总会带来意想不到的收获。

贴心小叮咛

多带宝宝出去走走，去公园、游乐中心、儿童俱乐部、社区游戏小组及玩具图书馆都是不错的选择。

你和1岁的宝宝在出门后可以从事很多活动。有一位两个孩子的妈妈想要找个人帮忙看孩子。朋友把一位名叫乌拉的年轻女孩介绍给了这位妈妈。乌拉要和这位妈妈及其孩子碰面的那天上午一直在下雨，这位妈妈就问乌拉，如果得到了这份工作，在这样的天气里，她会带孩子做什么事。乌拉回答，她会给孩子们穿上雨衣和雨鞋，然后带他们出门找个水坑跳进去。家中的老大偷听到了这段对话，不用说，乌拉当天下午就带着孩子们出门了，大家玩得非常开心。

和同龄的邻居做朋友无论对孩子还是对大人都有好处。公园通常是最受欢迎的地方，如果有游乐中心，就最好不过了。有些公园甚至还有咖啡屋，可以让大人坐下来聊聊天。有些公园则有“一点钟俱乐部（One O’clock Club）”，为幼儿提供了各式各样的艺术活动。

玩具图书馆也是1岁宝宝相当喜欢的地方。那里通常会提供一个相当安静又具启发性的环境，使1岁宝宝可以玩得非常过瘾。有时，孩子也可以在这里认识住在附近的其他小朋友。小区里的游戏小组是认识其他人的好地方，通常会给孩子们提供玩具和活动，同时也有地方让大人坐下来喝杯咖啡。这对既需要给新生儿喂奶，又想让1岁宝宝可以自由玩耍的妈妈来说，是最适合不过的地方了。当你的孩子熟悉了新环境以后，他就比较可能离开你，到处去探索了。看到1岁宝宝在这样的环境中到处探索，是一件相当美好的事，你也可以稍微放松一下，当个旁观者。

这个年龄的孩子大多会各玩各的游戏，他们比较没有一起玩游戏的倾向。当他们对和自己差不多大的孩子产生兴趣时，是相当有趣且值得观察的。他们在开始玩耍时，通常会先一直看着对方，接下来可能会伸手摸一下对方。等这个仪式结束以后，他们可能会对玩具产生兴趣。他们可能会绕着游戏区，挑出他们想要的玩具，有时候等他们混熟了以后，甚至会把玩具拿给其他小朋

贴心小叮咛

1岁宝宝都是各玩各的，很少在一起玩。

友。大家相安无事，直到一些意外的小插曲出现，有些小朋友可能会想拿走其他小朋友正在玩的玩具。这个时候也是大人的下午茶时光结束的时候。

学习分享

1岁宝宝并不是自然而然就会分享的。这是要加入文明的社会群体就必须学习的行为。在文明的社会群体中，每个人的需求都要受到尊重，都是同等重要的。对自尊相当强烈的1岁宝宝来说，分享是一个完全陌生的概念，同时也是相当难学的行为。

当妈妈告诉洁西会有一个小朋友来家里和她玩时，她很开心。这位“朋友”准时到达，他们开始在客厅里玩玩具，妈妈们则坐在一旁。但很快就可以明显看出，所有的玩具都在洁西身边，她好像要保护这些玩具一样。小客人则一件玩具都没有，洁西的妈妈从楼上拿了更多的玩具，她还特别挑了一些洁西不喜欢的玩具。当妈妈把这些玩具拿给小客人玩时，洁西开始尖叫，让妈妈感到相当尴尬。几周以后，这个小朋友又到洁西家里坐客，这一次，这个小朋友自己带了一大袋玩具。

我们在前面已经提过，游戏是探索世界的方式之一，孩子在世界上探险的第一站都是先从自己的妈妈开始的。小孩开始对妈妈以外的世界产生了兴趣，因为他们有对妈妈产生兴趣的能力，这种能力会进一步发展。根据这个观念，洁西之所以无法和别人分享玩具，主要是因为玩具对她来说不只是玩具而已。1岁宝宝之所以很难和别人分享，并不是因为玩具本身，而是他们不想和其他人分享挚爱的母亲，这正是抢玩具所代表的意义。“我想要拥有全部的你”，这种占有欲代表了宝宝和妈妈之间的关系。类似的情形还有当家中快要有新宝宝时，父母会注意到老大特别难以和别人分享玩具或其他东西。

贴心小叮咛

抢玩具隐含了不想和别人分享妈妈的意思。

获得进步需要毅力，帮助孩子拥有分享的概念，不只会让他们在朋友圈中更受欢迎，也可以带给他们更多的自信。如果他们老是成功地从其他小朋友手中抢到东西而不愿意分享，他们心中可能会充满罪恶感和负面的情绪。可以帮助他们在和其他小朋友相处时划清楚的界限，这样他们就能学会控制自己的贪念和占有欲，同时这也表示获得了你的支持。

贴心小叮咛

帮助孩子懂得分享的概念，不但能让他们在朋友圈中更受欢迎，也可以带给他们自信。

如果身边有新生儿或是即将有新生儿来报到，1岁宝宝也需要获得你的肯定，让他知道妈妈总是在身边，没有人会抢走他的妈妈。一旦有了这个观念，再加上家中如果有哥哥姐姐，就可以帮助他们学习分享的概念，尤其是如果年幼的孩子知道妈妈总会把所有的孩子都放在心上，他们就会学得更快。

认识新朋友

向其他小朋友介绍你的宝宝，对宝宝来说是一件相当有趣的事，同时也可以帮助他们认识新朋友。因此家长要随时准备协助他们。家长不只是帮助他们分享彼此的玩具，也要帮助他们有适宜的行为举止。1岁宝宝很有可能想要用自己的方式来做事，但他们很快就会发现这样是行不通的，打人或是其他比较具攻击性的行为也一样没用。适宜的举止是有基本规则的，如果家长能教导孩子学习这些规矩，就能够帮助他们认识新朋友。

在游戏小组中常见的景象是，妈妈带着宝宝跟其他的宝宝说对不起，这就是一种学习。比较没有这种社交经验的宝宝通常都是最容易伤害别人的宝宝。这会让他们比较没有人缘，甚至处于劣势。在类似的社会环境中，如果家长对孩子的叛逆行为睁一只眼闭一只眼，是没有任何帮助的。因为宝宝会因此失去学习以及和其他朋友相处的机会。如果家中有新的弟弟或妹妹，对于1岁的宝宝来说，更是学习以友善的方式和其他小朋友相处的绝佳机会。

贴心小叮咛

父母若是对孩子的叛逆行为睁一只眼闭一只眼，对孩子反而没有任何帮助。

乔治娜有一个新生的妹妹艾美。乔治娜的妈妈描述了1岁的乔治娜是如何欺负刚出生的妹妹的，以及她为此有多么难过。

她不知道该怎么办。有时候，在姐姐欺负妹妹的当下，大家都没注意到，等到发现时已经来不及了。本来，乔治娜只会轻轻拍妹妹，但是她会渐渐加强力道，后来变成用力打妹妹；本来，她只是把嘴巴放在妹妹的头上，到最后却变成了咬妹妹，弄得艾美号啕大哭。

贴心小叮咛

缺乏社交经验的宝宝通常最容易伤害其他宝宝；有规矩、有礼貌的小朋友则比较有人缘。

这类举止如果没有得到及时注意，将会使这些攻击性行为得不到宣泄，令其更加害怕。乔治娜欺负艾美的行为应该受到制止，不要让她认为欺负妹妹也没有人会发现。乔治娜继续欺负妹妹的行为越来越令妈妈生气，因此妈妈不想接近乔治娜，但这样只会加深乔治娜对妹妹的敌意。此外，偶尔能够不被察觉地攻击别人所带来的快感对姐妹俩都有威胁。后来，家人的处理方式是和乔治娜好好谈了谈，问她为什么有时候喜欢妹妹，有时候又不喜欢妹妹？乔治娜的妈妈还特别费了一番功夫和乔治娜单独相处，并给她特别的关爱。

家里的每个成员都有权利受到保护，尤其是新生儿，因为他们特别脆弱。乔治娜的例子告诉我们，要1岁宝宝控制内心的嫉妒，和刚出生的弟弟或妹妹单独待在房间里，似乎太强人所难了。在保护新生儿避免遭受攻击的同时，父母也要保护1岁宝宝避免产生过于极端的情绪。

本书在前面讨论宝宝在家中地位的部分已经提到该如何处理嫉妒和竞争情绪了。新生儿可能会使1岁宝宝产生相当多强烈的反应和情绪，因此很需要父母的帮忙和协助。父母可以先帮孩子认识到，自己内心的感受和把这些感受变成攻击别人的行为是两回事。1岁宝宝感到困惑或生气是没关系的，但因此咬人就不对了。觉得嫉妒也没关系，但因此打人就不可以。家中可以建立一套大家都能接受的行为准则，这一套准则还可作为孩子到外面和其他孩子相处的规范，这对于他们的未来是相当有帮助的。

到不同的团体认识新朋友

你也可以带家中的1岁宝宝参加各式各样的结构化活动，包括音乐和律动课程、涂鸦课程、讲故事课程、身体律动课程，等等。这些课程通常都是由老师带领的，而且需要1岁宝宝和你自在地一起完成每个任务。这对幼儿来说是相当有成就感的事。老师会带领团体，同时给予指示。团体中有其他的1岁宝宝会是相当有趣的经验。同时也让家长有机会在不同的环境中了解自己的孩子，有时甚至会发现许多在家里没发现的事情。

海伦最喜欢去的地方就是图书馆。海伦的妈妈会在每星期一下午的讲故事时间带她去图书馆。图书馆员会把要听故事的小朋友集合在一起，然后拿着大大的故事书讲给他们听，边讲故事边给他们看图片。听过几个故事以后，小朋友还可以拿蜡笔和纸，画下他们想画的东西。

海伦的妈妈本来很担心她，虽然海伦已经1岁零10个月大了，但每次在公园的汉堡店或在别人家中看到其他小朋友时，她总会很害羞地躲起来。但是在图书馆的讲故事时间，因为那里既安静又有情境设计，妈妈发现海伦有些不同。海伦会开始和其他小朋友互动，这是她妈妈以前从未见过的。海伦会看其他小朋友画了什么东西，同时也会给他们看自己画的东西。

看到海伦有这样的转变，她的妈妈发现，原来她喜欢安静的活动。之前她不懂海伦为什么会不喜欢接触其他的孩子。她为什么会紧张呢？是不是其他小朋友有什么特质让海伦没有安全感呢？身为妈妈该怎么帮她呢？无论如何，当海伦的妈妈看到她在安静的环境中变得比较喜欢说话了，同时也变得更有自信了时，其中的一个问题似乎有了答案。

路易丝的妈妈每周都带她去幼儿活动教室。那是一个相当活泼的团体，珍妮斯老师是一位相当有活力、有热情的人。孩子（有时候会抓着爸爸、妈妈或照顾者的手）会跟着珍妮斯老师在房间里跑来跑去，跟着她吹泡泡。但也有些障碍赛需要学习沟通、要自己穿衣服、戴帽子、躲在帐篷里，同时还有很多其他游戏可以玩。路易丝才1岁零11个月大，她参加了每个活动，看得出来，她很喜欢这些游戏，但妈妈发现她对每个游戏的热度都只有几分钟。

珍妮斯会拿着装满彩色球的袋子，然后把里面的球全倒在地板上，再拿某个颜色的球要小朋友把同样颜色的球放到篮子里。小朋友会到处跑着去找球，然后再把球放到正确的地方。但路易丝看起来似乎觉得这个游戏太难了。妈妈以为她知道自己要做什么，但路易丝只是看着球，然后故意慢慢地走到球那边，结果球总会被其他小朋友先拿走。但路易丝并没有生气，她还会专心地看着其他小朋友在做什么，好像观察小朋友比游戏本身更有趣。妈妈一边想要从其他小朋友手中抢回球来，一方面又得照顾路易丝的球，这样她才可以继续玩游戏。后来，妈妈开始注意到女儿的特点以及她的人格特质。

彩色球的游戏好玩吗？路易丝的妈妈没有明确的答案，但她心中有很多问题。路易丝到底觉得哪里难呢？问题是否在于游戏的节奏？是不是因为彩色球撒了一地，孩子必须冲上去抢彩色球？是不是挑出正确的彩色球太难了？是不是路易丝担心和其他小朋友抢同样的彩色球而起冲突？是不是她心中好胜的竞争心使她不愿意去拿球，反而喜欢看其他小朋友在游戏中表现出来的竞争心呢？

丹尼尔的妈妈则面临不同的处境。她决定带1岁零8个月的丹尼尔到小区音乐教室。苏达老师是一位面带微笑、教学很生动活泼的音乐家。可惜的是，音乐课刚好是在丹尼尔睡午觉的时间，所以每次到教室的途中，他都会在婴儿车里睡着，而且一睡就是整整1小时。妈妈总会留下来看他是不是会睡醒，然后顺便看看课程是怎么上的。上课时，要唱歌、拍手、做动作，甚至是玩乐器。课程的高潮是苏达老师拿出一个大型手铃鼓，鼓面有很炫的彩色旋涡装饰，令大家叹为观止。苏达老师会邀请小朋友一个个上来用棒子打鼓。有些小朋友会怀着敬畏的心慢慢接近鼓。有位家长跟丹尼尔的妈妈说，她的孩子已经来了几个月了，但只试过一次。结果，第二周丹尼尔就不睡午觉了，他敢上去很用力地打鼓，就连苏达老师都很惊讶。

虽然妈妈很高兴看到丹尼尔打鼓，但也很担心他这么用力所代表的意义。这使她想起还在喂母乳时，丹尼尔会轻轻地抓着妈妈的小指。这个习惯一直持续到现在，只是有些不同。当他接近妈妈时，会把妈妈的手抓过来轻轻地搓揉。这个阶段又持续了一阵子，直到丹尼尔把她的手弄痛了，使她不得不缩手。

丹尼尔的妈妈心中也有很多疑问。一开始，她会想，丹尼尔为什么要这么做？丹尼尔为什么一开始是轻轻地搓揉，到最后会变得这么用力，把她弄痛？这跟他用力打鼓有关吗？这是正面的讯息吗？是不是丹尼尔想表达他又爱又恨的情绪？这是不是就是丹尼尔对她的感觉？是不是这种依赖感让他感到很痛苦？是不是因此让他把轻轻的抚摩转变成了不友善的动作？

对自己的孩子保持好奇心，不断地问自己问题，可以帮助妈妈了解孩子的人格特质。注意到什么最适合孩子，跟着他们的脚步，在你心中勾勒出一幅画，每天在这幅画上面慢慢构筑，这些点点滴滴都会帮助你更加认识自己的孩子。在比较有结构的环境里看着自己的孩子，通常可以帮助你了解哪些状况是他们可以面对的，哪些又是他们比较无法处理的。同时，在这样的环境下，父母看到孩子日益成长，通常都会感到相当满足。有结构的环境不只可以帮助你了解自己的孩子，在你的协助下，1岁宝宝也会渐渐融入这些环境，使他们最后不需要依靠父母就可以独当一面。

以积极乐观的态度迎接未来

本章一开始就提到，要了解1岁宝宝的心思是有可能的。掌握1岁宝宝所遇到的各种状况（尝试了解他们），不只可以实现你做好家长的愿望，也可以让1岁宝宝知道，父母能够体会并包容他们的情绪。这个过程需要创意和同理心，同时也充满挑战。有时候，这项工作的要求让人喘不过气来，但如果自己能给自己情绪上的支持，情况就会大为改观。当然，你的付出是不容低估的。父母的体谅可以让宝宝觉得有人真正了解、认识了他们，并且帮助他们表现出了自己的个性。

从宝宝出生的那一刻起，亲子间互相了解的过程和沟通的渠道就已经开始搭建。他们所依赖的并不是语言，而是对他们敞开的心胸。父母需要用爱和关怀来安抚和包容宝宝的各种状况和情绪。如此一来，宝宝的语言世界和想象力就可以一起发展。无论是你的宝宝的成长故事还是别的宝宝的成长故事，都可以丰富人生。大概在同一个阶段，宝宝在生理和心理上都正迈出人生的第一步，他们的自信心也在逐渐建立当中。

宝宝的探索能力和好奇心很珍贵，并且蕴含着深远的意义。他们通常会先从自己的妈妈开始探索，然后再向外延伸到更宽广的世界。那些能让宝宝感到欢乐和有趣的游戏可以进一步扩展他们的视野。在游戏过程中，他们可能会有各种情绪和焦虑。宝宝对容器的兴趣（你会在游戏时一再地发现）反映出他们需要有人包容他们的各种情绪，使他们有勇气往更远的地方探索。需要想象力的游戏则可以进一步拓宽他们的视野，帮助宝宝探索内心世界，同时也可以帮助宝宝在现实生活中安全无虞地进行探索。

贴心小叮咛

发问和保持好奇心是持续进步的不二法门。

当宝宝和家庭成员之间的关系变得越来越重要时，不同的家庭成员可以在不同的情境中为宝宝提供让其探索的新环境。这时，宝宝也会在心中思索新点子。虽然他们可能会有恋母情结，但父母一体的概念似乎开始在宝宝的心中留下了正面的印象。当宝宝开始过家庭生活时，用餐就成了司空见惯的一部分。宝宝将开始尝试新的口味和食材。他们可能会觉得自己很渺小，凡事都得依赖别人，这是因为他们从一出生就得依赖母亲喂奶。幼儿或许需要某种程度的授权（比如，决定早餐想吃哪一种麦片）使他们自己做些决定来平衡这种感觉。

当1岁宝宝开始做决定时，他们将会变得越来越有主见，个性也将越来越鲜明。独立自主是他们的首要任务。无论1岁宝宝在家排行第几，他在家中的地位都会为家庭成员带来深远的影响，这种地位随时可能改变。家中诞生新生儿是一件大事，会对家庭的方方面面产生影响，而首当其冲的就是幼儿。幼儿对新生儿会有自己的看法，比如，想决定新生儿睡在哪里。尊重孩子的意见，容许家中有不同的意见，意味着父母有时需要撇开自己的主观意识。有时候，父母斩钉截铁地跟宝宝说“不可以”是最好的处理方式，但宝宝可能会有情绪。如果父母划下清楚的界限并细心处理，或许比较容易安抚宝宝的情绪。宝宝投射到外界的愤怒和挫败感会反扑向1岁宝宝。宝宝需要父母能够包容他们的害怕和恐惧，需要父母能以更客观公平的成人视角认识他们。如此一来，宝宝的这些情绪才会减弱并逐渐隐没在背景中。

宝宝最大的恐惧就是妈妈不在身边。虽然父母知道和宝宝短暂地分开有好处，但这并不代表父母可以不把宝宝因妈妈不在身边而感受到的痛苦放在心上。因为宝宝对妈妈有深厚的感情，所以痛苦就在那里。当紧密的亲子关系受到否定和拒绝时，宝宝要付出极大的情感代价。当父母能够察觉或是包容宝宝心中的痛苦时，宝宝比较可以表达和面对这些感觉。如果宝宝认为父母会帮助和包容他们，他们就比较容易面对各种分离的情景。要让宝宝发展这样的观念，需要信任。父母在帮助宝宝建立信任感上的所有付出都是有益的。睡眠和如厕训练都跟宝宝对父母日益增加的信任感有关，但是每件事情都需要时间。

最后，我们要谈谈宝宝走进家门之外的世界，以及加入各种社会团体的益处。学习分享及和朋友相处可以帮助1岁宝宝迈向更独立的生活。宝宝每迈出一步都需要勇气，而且都可能伴随一些情绪，因为他们多少都会想起过去的一些事。但往前迈进是有正面意义并富探险价值的。当宝宝在更结构化的游戏中用心玩耍时，父母要注意观察宝宝，可以有更多机会了解自己的宝宝，帮助他们鼓起勇气迈出每一步。

贴心小叮咛

学习分享及和朋友相处，可以帮助1岁宝宝迈向更独立的生活。

最后，本部分要以许多父母心中的疑惑作为结尾，因为这也是最接近真实的状况。每个家长都会面临这种情形，但总觉得找不到满意的答案。当家长努力想了解1岁宝宝时，会发现这项任务是永远无法完成的。就像大人一样，孩子的心思是别人无法完全猜透的。但是发问并保持好奇心是持续进步的不二法门。如果你能够使用这种方式和宝宝互动，并了解自己不见得能够回答关于宝宝的所有问题，并保有想发问的兴趣，宝宝就会把兴趣和好奇心当作一种生活方式。你的孩子即将在更宽广的世界里展开自己的生活。这个世界对他们来说充满未知。如果父母能够容忍诸多的未知而生活下去，宝宝就会以同样的态度生活。这对父母的求知欲一点都不会造成影响。

以后你也有无法陪在宝宝身边的时候。随着他们渐渐长大，他们不在父母身边的时间自然也会越来越长，这是积极的进步。父母希望看到的是宝宝能自信地迈出这一步，并带着希望迎接未来。这样的态度正是父母从一开始就努力培养的。但这种独立和宝宝离开你的独立并不一样。它包含对能够提供协助的长辈（感情和睦的父母）的依赖，他们会对宝宝的人格产生正面的影响。这些正面且值得信赖的长辈最后会成为孩子内心世界的一部分资源，时常在人生中引导和鼓励他们。

1岁宝宝年纪还很小，他们未来将不断在内心构筑类似的资源，他们很需要依赖父母给予其持续的安全感和肯定，让他们对内心的这些积极正面的信念有信心。如果这种积极正面的观念可以在内心扎根，这些观念在未来也将持续不断地给予他们情感上的滋养，鼓励他们在人生中充分发挥潜能。最重要的就是以积极乐观的态度迎接未来。

—— 第三部分 ——

想独立的小家伙

2岁宝宝

丽莎·米勒（Lisa Miller）

引　　言

父母有时会忘了2岁幼儿其实还很小，虽然他们从出生至今已经历过许多的风风雨雨。回想刚出生的日子，无论是记忆中还是照片中的新生儿模样，都很难令人想到当初那个宝宝是多么脆弱无助。小宝宝每件事都得依靠别人帮忙。父母不但需要喂饱他们，负责他们的安全，给他们温暖，还要经常为他们清洁身体，让他们保持干净，用他们的思维思考甚至体谅小宝宝的感受。宝宝不知道自己要什么，也不知道自己的感受。父母得诠释、猜测，靠推演、直觉和一些线索来了解他们。

但当宝宝2岁时，情况完全改观，处在2—3岁学步期的幼儿开始学习和发展照顾自己的各种能力。满2岁的学步期幼儿通常已经来去自如。他们可以主动找父母，跑去拿东西，有时又令人难以理解地以逃避的方式躲起来。学步期的幼儿能表达自己的意见和愿望，有自己的主张，能够充分地和别人沟通，讲话也越来越流利，所使用的语言结构也比过去复杂。在学习自己上厕所和做清洁方面，每个幼儿的速度都不尽相同。毫无疑问，他们都是独立的个体，具备完整发展的个性，有不同的喜好和渴望，也都渐渐学会了独立。

但这种独立是有关联性的。身为父母，我们很容易被2岁幼儿聪慧的表现所吸引。有些2岁幼儿讲话非常流利，有些则特别喜爱发问，有些特别爱玩，或喜欢和哥哥姐姐在一起。当然，他们成长和改变的速度都非常快。但事实上，2岁幼儿仍然很小。他们渴望独立的愿望有时比我们还强烈。有位父亲就很骄傲地描述了他2岁的儿子劳勃是多么足智多谋。他会打开冰箱，找到果汁，放进吸管，还会拿干酪，打开包装纸，坐下来吃干酪、喝饮料。的确，这样的表现令人惊叹。2岁幼儿熟练的技能等于在告诉别人他不需要别人的帮忙，可以自己吃东西。可是我们都知道，劳勃其实还是得依赖别人把东西放在冰箱里。

人类有一段相当长的时间需要依赖别人。2岁幼儿是不太可能独立存活的，就像劳勃还是得依赖父亲买干酪和果汁一样，而且他的心理也没有完全独立。2岁幼儿仍需大量的关爱和照顾。父母一想到宝宝刚出生时脆弱的模样一去不复返，就既松了一口气，又有点感伤。但是别忘了，这个世界对2岁幼儿来讲仍充满神秘，包括实际生活中的场景，如厨房、马路、公园、花园、托儿所和家里。世界上有形形色色的人，他们都是独立不同的个体，有自己的好恶，也不会听学步期幼儿的使唤。学步期幼儿的内心世界对他们自己来说也是相当神秘的，包括思考、情绪、希望、恐惧和渴望。

在这生命中的第三年，2岁幼儿仍有许多要去探索的部分。他们的成长速度很快，学习能力也令人叹为观止。但无论是在身体还是在心理等各方面，2岁幼儿大部分的时间仍然需要大人的陪伴，需要保护、指点、细心照顾和刺激启发。

然而，2岁幼儿对身边的每件事不只是有兴趣，而是非常有兴趣。一般人对自己宝宝的这些兴趣都能接受，本书所叙述的也希望能与此吻合。2岁幼儿的这些特点都是可以归纳讨论的，因为他们都处在同一阶段。但每一个2岁幼儿都是独一无二的，千万别忘了他们各有不同的成长速度。一位孩子已年满4岁的母亲在回想过去时，感触良多。她的儿子一直到2岁零6个月才会开口说话，当时她是多么忧心，直到现在她还记得那时的心情。她的邻居则因为儿子每次看到如厕训练的幼儿小便桶就尖叫而烦恼，她的姐姐也为双胞胎女儿似乎发展较慢又害怕走路而担忧。现在，这几个宝宝都快满3岁了，每一个都能走路，话说得也都很好，还都会自己上厕所。

2岁幼儿介于小宝宝阶段和童年阶段之间。他们很想融入外面的世界，和比他们年纪大的人在一起，内心充满远大的志向，同时有相对成熟的理解能力和成就。但这种成就是相当脆弱的。聪明的小男生或小女生很容易情绪崩溃，于是父母会再度看到眼前的幼儿仍旧只是一个宝宝，他们需要像婴儿期一样多的关怀。

第一章

做自己的小主人

2岁幼儿开始发展独立的能力了，什么都想自己来；也开始学习思考了，比如，电话筒里为什么会出现爸爸的声音，爸爸住在电话里吗？

当2岁幼儿想开门却开不了时，亲爱的爸妈适时地伸出援手，他却可能不领情，因为他想证明自己“做得到”。

此阶段的幼儿最喜欢说“不要”。

他们我行我素，到处惹麻烦。所以有人说2岁的幼儿很可怕。但别担心，本章除了会让父母了解2岁幼儿的行为模式和心理状态，还提供了一些方法，让父母有所参考。

我们天生就有很多特质在母亲受孕时就已经形成，这就是基因遗传，但是后天特质的发展也同样重要。先天基因遗传和后天的发展是互相影响的。人们花了很多精力去了解是遗传比较重要，还是成长的过程比较重要。当然这其中还有其他因素，不只是“先天”或“后天”而已，还包括这两者之间复杂的交互作用，它们会塑造成年后的人格。毫无疑问，每个人都是独一无二的，有特别的天赋和潜力。但天赋所展现的方向和潜力发挥的程度都深受环境影响。橡子绝不可能长成郁金香，但它能否长成百年橡树，这不只和基因有关，还跟它生长的土壤以及之后的发展有关。

贴心小叮咛

2岁的幼儿开始有“我”这个概念了。

2岁幼儿正明显地显示自己是独特的个体，也就是“那是我，是我做了这件事”。正是在2岁这个年龄，幼儿开始使用“我”这个概念；而且这个概念对他们的意义比光是具体地使用这个字更重要。幼儿正在探索他们的私密世界，开始走在迈向成年的漫长路途上，带着自己是一个独立的个体、有自己的权利的认知。

开始思考为什么

对2岁幼儿来说，周遭的世界是最有趣、最刺激的。1岁时看到笑笑就过去的事情，到了2岁时会让他们开始思考，感到困惑。1岁的宝宝在心智方面主要依附于照顾者。如果给宝宝电话，他们只会把电话放在嘴边模仿大人的样子，并把耳朵紧紧贴在听筒上。但无论怎么做，他们只想让大人知道他们也会使用电话。但其实他还不知道打电话到底是怎么一回事。诸如此类的例子还有很多。

到了2岁，打电话对他们来说可就不一样了。对大人来说，世上的很多事情都是理所当然的。有些事情，比如电话这个发明，是人类几千年努力的结果，也是幼儿无法理解的。爸爸怎么会出现在电话里呢？从幼儿的观点来看，爸爸不是在这里，就是没有在这里。就算是“没有在这里”本身，也是很难理解的概念。在别的地方是什么意思呢？当然，如果幼儿能想象出一个画面，或许会比较容易，例如，“爸爸在奶奶家”“爸爸在车库”，或“爸爸在机场”。但是“爸爸在奶奶家，他从那里打电话给我们”，那到底是什么意思？

露西的小儿子纳德就经常遇到这个问题，他的爸爸因为工作的关系经常需要到其他城镇去，所以常打电话回家。露西因此有很多机会可以观察纳德是如何用不同的方式来接这些电话的。纳德一开始发现电话那端的声音有些不同，但是当他确认了那的确是爸爸时，他会非常高兴却又有点困惑。接着，他有了不同阶段的进步，有时他不只会感到困惑，还会有点紧张。他会拒绝接电话，好像那里面有令人害怕的魔法一样，爸爸躲进那个小黑盒了吗？纳德只知道爸爸不在家，但还是存在的。他可能以为爸爸在奶奶家，因为那是他们都熟悉的地方。但是"在伦敦"是什么？伦敦是什么？如果你在伦敦，为什么你的声音会出现在电话中呢？纳德渐渐进步到能够很快听出爸爸的声音，有时似乎很高兴听到他的声音，有时则有点闹脾气，好像在跟爸爸说他不希望爸爸不在家。纳德快到3岁时，开始能和电话中的爸爸对话而不需要别人在旁提示了。之前的这段时间就是为了让他了解，他可以用电话和爸爸说话，就好像爸爸在家时他可以和他说话一样。

或许读者会觉得我在这个部分太小题大做了，但我只是想说明，孩子要学习适应的大人的日常生活，对他们来说有多么复杂。他们有太多东西需要学习，而每次学会认识且熟练操作某样东西以后，他们也会跟着变得成熟一些。纳德其实可以选择不相信电话的神奇功能，或是慢慢学习电话的功能和操作方式，同时相信自己也具备某种能力——不是魔力，而是真实的能力。

“我做得到”

幼儿正在了解他们做得到和做不到的事。这是一个处于两个极端的年纪。没有什么会比心情不好的幼儿更悲惨，也没有什么会比心情好时的他们更令人高兴。他们面对人生的方式就是采取极端的立场，最后的结果当然也忽好忽坏。比如，他们的腿还不太靠得住，或至少他们还不知道，如果自己不小心，没有看清楚路就尽全力快跑，一定会跌得鼻青脸肿——他们对自己的感觉和反应都是不可靠的。事实上，他们仍相当稚嫩，甚至就像小婴儿一样，但我们时常会发现自己在为此责备他们。

贴心小叮咛

在2—3岁这段时间，他们正在尝试“做得到”和“做不到”的事。

当幼儿无法处理一些事情时，常常会崩溃。当莎拉打不开门时，她会趴在地上大哭。即使爸爸为她开了门，情况也没有立刻好转，因为她就是想要自己开门。她受不了被拒之门外，也受不了父亲居然可以做到她做不到的事。她觉得自己渺小而悲惨，受到了羞辱。在其他场合，她可能有截然不同的感受，比如，当爸爸替她把自行车拿过来，让她骑起来时，她感觉自己就像一个小公主一样开心。爸爸则显得有点疲惫，心中不禁会想：“这个莎拉就是会让人感觉超累的！”

莎拉有时可能非常霸道，有时似乎想把自己的愿望强加在每个人和每件事上。这种心态在3岁之前是不会有改观的，而父母会从孩子2岁时才能看到。为什么孩子会如此霸道？这是一个重要且值得深思的问题，或许那是因为他们觉得自己既渺小又脆弱，因此是一种防御。

贴心小叮咛

孩子为什么如此霸道？或许是因为他们觉得自己既渺小又脆弱，因此得捍卫自己。

幼儿之所以对世界有极端的看法，一部分和他的年龄和成长阶段有关。幼儿的身形仍很娇小。我们只要想想大人的身高几乎是幼儿的3倍，就可以想象我们对他们来说简直就像巨人一样。想象一下，若我们面对身高平均比成人高2倍的人，对方应该就超过3米高了，简直跟树一样高了。所以我们对幼儿而言，必然看起来拥有惊人的力量、知识和意想不到的才能。

另一方面，父母比孩子更年长、更高大、更强壮、更有经验是令人欣喜的好事，因为有时候我们会发现孩子很喜欢受人照顾，也很感谢有人帮助他们解决问题，因此会大方地和对方拥抱、亲吻和撒娇。莎拉是一个相当能干又活泼的孩子，但是她经常处于紧张的状态，因此很容易崩溃。就好像她白天到托儿所去一样，她需要更加努力，加快速度，避免产生不确定感或渺小的感觉。回家以后，她的心情总是很不好，命令父亲做东做西，拒绝吃饭，最后大发脾气。她父亲每天要接她下课，带她回家，发现她总是筋疲力尽，因为莎拉一直想将一切搞定，假装自己很大了。她对于长大的认识完全基于孩子对于所谓巨大和全能的人的认识。

非常幸运的是，她的父亲并不是巨人，而是很平凡的成年人，比莎拉大很多，可以帮助她，知道她需要的是放松又舒服的方式。她不需要刺激和分心。她需要的是安静的时间和完全被关注；否则，事情可能会变得很糟，要她乖乖地喝水、洗澡和睡觉就不可能了。因为在这种情况下，她最喜欢说的话就是“不要”，这个词让她说话的语气充满了热情和决心。

“不要”

2岁的幼儿开始注意到了“不要”这两个字的威力。这在某方面是好的，因为我们不希望孩子长大以后无法表达自己的立场，或是无法拒绝任何不好的事物。问题是，幼儿正处于成长的起跑点，他们通常还搞不清楚什么事情对他们有益，只是越来越意识到自己可以有一些权力。在还是小婴儿时，

> **贴心小叮咛**
>
> 当2岁幼儿对你说“不要”时，父母应该感到开心，因为孩子有自己的主张和想法了。

宝宝就可以表达自己的好恶，有些能力拒绝去做他们不想做的事。如今随着对自己的认识日益增加，幼儿开始发现并感受到自己能够说“不要”了。

一开始，2岁幼儿就像负责管理大型的简陋机器的人员一样，不甚敏锐。如果有些东西看起来很丑，他们会用尽全力去拒绝，不管之前是否曾欣然接受。但是，不管怎么样，有时他们仍需要人家细心地呵护，那样的对待是他们迄今为止无法为自己做到的。而父母几乎是受不了诱惑地主动掉进幼儿特有的模式中的，并且卷入了和他们的战争。这是一场面对面的战争，因为父母比较大，总有办法取得最后的胜利，但之后会发现很多问题其实并没有得到解决。

当然，有时候，父母不可能事无巨细，唯一的办法就是掌控全局。黛比有一次带她最小的儿子亚历克斯到办公室来，他玩得很高兴，但最后他太兴奋了，在办公桌之间跑来跑去，让人不得不随时盯着他的一举一动，不禁为他捏一把冷汗。当黛比的工作告一段落要回家时，她抓住了亚历克斯，他马上大叫起来。黛比尽量不予理会，只说：“亚历克斯别这样！”她跟同事说了再见，强行抱着亚历克斯走了。在亚历克斯的抗议声中，黛比隐约听到了男同事以佩服的语气大声说：“黛比，你管教孩子可真铁面无私啊！”下楼梯时，亚历克斯一路大吵大闹。黛比以充满怜悯的口气对他说话，帮他系好安全带。车子一发动，她发现亚历克斯把大拇指放在嘴里睡着了。隔天，黛比没有带亚历克斯进办公室，昨天的那位同事跟她说："看得出来，你们昨天打成平手了。"黛比对他微笑，这位同事似乎以为他们母子昨天交手的结果是不分高下。

或许，这就是我们需要思考的重点。在父母对付2岁幼儿时，像黛比对付亚历克斯一样掌控全局非常不同于父母自知"输掉了战斗"或"必须采取压制的做法"，后者会使父母变得非常生气，以致无法控制全局。很多父母常会因此有罪恶感或后悔，因为他们知道自己抓狂了，做得有点过分。幼儿鲜明的个性常会惹恼父母，触发父母心中同样原始部分的个性。要驾驭当下的情绪，对自己说"不要发脾气"，并且记得自己是大人，提醒自己这可能会吓着孩子——这无疑是天人交战。

孩子要学习的很难的一课就是明白"不要"是很好用又很重要的字眼。至少，对他们来说，当他们说不要的时候，效果是相当好的；但是当别人跟他们说"不"的时候，感觉糟到不行。或许我们可以感同身受。可是很重要的是，我们也得知道，什么时候应该而且需要对自己说"不"。很多例子都很琐碎，但会日积月累；有时候，大人会以相当和善的方式说"不"，这么做是对的。在这个阶段，对2岁幼儿来说，世界充满大大小小的危险，因此在说"不"的同

贴心小叮咛

孩子要学习的很难的一课就是如何适当地使用"不要"这两个字。

贴心小叮咛

光是对幼儿说“不”是不够的，热锅、火、火柴、熨斗之类的东西必须放在他们拿不到的地方。

时，也需要以行动和预防措施做后盾。光是对幼儿说“不”是不够的，热锅、火、火柴、熨斗之类的东西必须放在孩子拿不到的地方。我们还得跟他们解释。有时候，孩子看起来很聪明，仿佛都听得懂，因此大人误以为跟他们做口头解释就够了。千万别上当。一天，黛比回家时发现保姆很惊慌，亚历克斯则有点不好意思又有点骄傲地向妈妈展示了包着创可贴的手，因为他刚刚摸了熨斗。

到处惹麻烦

就像亚历克斯一样，2岁幼儿的自制力是不可信的。他们的驾驭能力以及从过去的经验中学习的能力还不是很稳定。大部分父母深知这一点，比如孩子的感觉会摆荡在两个极端之间。他们的冲动性也同样很不稳定，很可能前一秒和后一秒的行为截然不同。“喔！我的老天！你一定是用剪刀剪破的?”一位受到惊吓的母亲倒抽了一口气，因为她的苏菲在窗帘上剪了一个大洞。

这些只是冰山一角。2岁幼儿不仅要了解外部世界，也要了解自己的内心世界。2岁幼儿就跟苏菲一样，没有办法事先做规划、思考行为的后果或事情的原因。要具备这些能力，需要时间——从过去的经验获得结论、学习以及面对未来的能力。

小婴儿对时间没有什么概念，父母常因此落入陷阱，让一周仿佛变成了一个世纪。2岁幼儿通常会拥有美好的回忆，但这些回忆并不值得信赖，也不是随时就能拥有的。大部分人是从4岁开始才拥有有意识、有连续性的记忆的。在那之前，我们或许已有一些片面的、断续闪过的记忆，但那是不同的。父母可以为孩子做的就是给予辅助性的帮助，为他们保存人生连续性的记忆。父母可以不加思索地提醒他们，在什么时间，像这样的事情曾发生过；我们可以教导他们衡量时间的方法，比如跟他们说，等“哥哥姐姐放学后”“你上托儿所以后”或是“早上要做某件事”。

贴心小叮咛

2岁的孩子没有时间概念，父母教他们衡量时间的方法时可以这么说：等“哥哥姐姐放学后”“你上托儿所以后”或是“早上要做某件事”。

2岁幼儿需要大人的协助理清次序和意义，以避免混淆。他们也需要过着可以预测的生活，规律是他们的好朋友。当然不能是漫不经心、没有意义

贴心小叮咛

大部分人是从4岁开始才拥有有意识、有连续性的记忆的。

的规律，而是说在这个让人不知所措的世界里，规律的生活作息可以带来安全感。莎拉经常处在心情低落的状态中，有时候她反而喜欢放学后晚上在家规律的作息。虽然白天她就读于设备完善的托儿所，但是她遇到了很多挑战。每到喝下午茶的时间，她都坚持做相同的事情——吃东西时要听故事，或之后和爸爸玩点游戏，或在爸爸煮东西等妈妈回家时看些轻松的电视节目。妈妈回来以后会陪着她，跟她聊天，帮她洗澡。洗澡后睡觉的模式都是一样的，因为莎拉坚持这么做。她可以从这些有规律的模式中获得很大的安抚：放松自己，获得爸爸妈妈亲密又浓浓的关爱。但这并不代表每件事都得像时钟一样有规律。莎拉还是有自己的个性的，需要父母了解她有很多面。她可以很甜美、值得信赖、顺从，也可以爱吵架、生气又固执。但这都和莎拉最喜欢的、同时也和父母努力希望提供的稳定的夜晚生活格格不入。

父母扮演安定的力量

2岁幼儿的心中因为充满矛盾和冲动而波涛汹涌，需要父母带来安定。如果家中正处于不稳定阶段，会给幼儿留下不可抹灭的影响。不断成长的幼儿变化得很快。他们通常对家中的变化有相当强烈的反应。有时候，要厘清事情发生的经过还真是困难。

父母总是会担心孩子，这是与生俱来的反应。但是他们可能不知道跟家里相关的一些事情对孩子的影响相当大，这在某种程度上是因为2岁的幼儿不知道会发生什么事。医生、卫生所人员以及其他专家常会遇到一些父母担忧孩子突然开始不吃东西、半夜起床或是出现可怜兮兮、焦虑又难以处理的行为。专家常有的经验是，只要问问这段时间家里到底发生了什么事，往往就会发现，风暴就在眼前，例如，搬家、有新生儿诞生、父母离婚或家人过世等。2岁幼儿对失序和不稳定的情况有些反应。当父母找出对孩子造成困扰的原因后，通常会大大地松一口气，但这同时也提醒父母，孩子不过2岁，还不能透彻地思考和理解正在发生的事；他们只能做出相应的反应。

贴心小叮咛

当孩子出现不稳定或失序的行为时，专家只要问问，“最近家中到底发生了什么事”，通常就能找到原因。

第二章

学习照顾自己

学习照顾自己，对2岁幼儿来说只是一个开始，但其实这个过程之前就开始了，自己吃东西、独自睡觉、自己上厕所等就是。

2岁幼儿已经可以自己拿面包、用自己的杯子喝水，甚至拿勺子了，只不过父母要有心理准备，孩子刚开始学习自己吃饭时，食物喷洒一桌和一地是正常现象。耐心等待，这一阶段总会过去的。

决定什么时候让孩子自己睡，是一大难题。孩子会欣然接受吗？这更是一大考验。如厕训练也一样，在考验着父母的智慧和耐性。

听听别人的故事，学学他们的方法，也许会好一点。

学习照顾自己对2岁幼儿来说只是一个开始，但其实这个过程之前早已经开始。父母最在意的莫过于宝宝出生以后最重要的基本需求，他们必须喝奶、睡觉、保持干净、洗澡、换衣服。这些需求在一生当中必须获得满足，而且都跟2岁幼儿渐渐学习照顾自己的方式有关。

自己吃东西

喂养新生儿是大人主要的工作。但是宝宝2岁时已经进步到可以自己拿面包，用自己的杯子喝水，甚至拿勺子吃饭了。这对幼儿和爸爸妈妈有什么意义呢?

饮食充满各种意义，人要吃东西才能存活。妈妈最高兴的莫过于看到宝宝胃口好。如果孩子胃口好、喜欢吃东西，就等于肯定妈妈，表示她准备的东西好吃，不需要担心。这再度保证了妈妈善尽其职。此外，我们认为吃东西——摄入食物——正是摄入其他东西的原型，比如所谓的“渴求信息”或是“求知

贴心小叮咛

宝宝2岁时已经可以自己拿面包，用自己的杯子喝水，甚至拿勺子了。

若渴”。父母会发现喂奶时，宝宝不只吸收了牛奶，还吸收了注意力和关爱，还包括和喂奶这个人之间的互动。最后，宝宝会自己抓住勺子吃东西，他会知道是谁在喂他。2岁幼儿如今已准备好自己进食了。

到目前为止，2岁幼儿的身心发展之间仍有一段落差。他们对食物的态度呈现出了各式各样的复杂情绪。如果家中的宝宝从婴儿期到幼儿期的食欲都很好，对父母亲来说无疑是一件幸事，因为宝宝胃口不佳通常是很多父母的忧虑及困扰。父母都希望孩子快乐地吃饭，偏偏常会事与愿违。有些幼儿明显地对父母精心准备的成长所需的佳肴一点都不感兴趣。

尤其是妈妈，看到孩子没有食欲，她们通常会特别敏感。如果家中有大一点的孩子三餐食欲正常，或许妈妈面对一个吃饭就像吃毒药的2岁幼儿时会积极乐观一点。但是，很多妈妈还是会觉得很受伤：孩子是不是不信任我？是不是不喜欢我？妈妈甚至会感到焦虑——孩子不会饿死吧？之后，妈妈还会感到愤怒。不管怎么样，这些情绪都不是妈妈想要的。

这些情况都显示了2岁幼儿对照顾者的要求有多么严苛，就算只是简单的一顿饭，也会演变成情绪的战场。部分原因是幼儿很需要父母了解他们的感受，但他

贴心小叮咛

妈妈常常会在吃饭这件事上和孩子对峙。放轻松一点，孩子有一两餐不吃不会营养不良的。

们也需要父母保持大人的立场。吃饭这件事对父母来说有相当深远的重要意义。有时，父母得坚守立场，保持敏锐度，告诉自己，即使宝宝一两餐没吃，也不会饿死或是营养不良；同时，父母也得知道每个孩子都有不同的好恶，绿色的西蓝花对某个小朋友来说就像毒药一般，在另外一个小朋友眼里却是人间美味。

凯特有一天带着2岁的儿子山姆和刚认识的朋友娜拉及她的三个儿子吃午饭。凯特本来有点抗拒，她知道娜拉的孩子对任何食物都来者不拒，但山姆相当挑食，因此心有顾虑。娜拉会为山姆准备什么东西呢？他既不吃西红柿，也不吃豌豆、豆角、卷心菜……这个食物黑名单真的很长。幸好，娜拉准备的刚好是山姆可以接受的食物。她跟凯特说："你是怎么让山姆愿意吃绿色的西蓝花的？真的是太赞了！"

有时候，我们会对幼儿的想象力有自己的看法，因而对他们的行为有强烈的主观意识。1年后，山姆快满3岁时仍然很挑食，食欲仍不是很好。奶奶为他准备了香肠当午餐，她切了一小块给山姆，他却很犹豫，问奶奶："这块香肠真的想被我吃掉吗？"凯特后来想到，幸好是奶奶遇到了这个问题，她用很肯定的语气回答："当然，这就是香肠的工作。"听到这样的回答，山姆就把它吃下肚了。如果是凯特，她一定会受到山姆的影响，和山姆感同身受，给出模棱两可的回答。确实，山姆偶尔会看着食物，好像很替它们担心，甚至有点怕它们。

这是因为幼儿的世界和大人的截然不同。举例来说，我们理所当然地认为有生命的东西和无生命的东西是不同的。香肠当然不会像人一样有感觉、思想和愿望，但是2岁幼儿不懂这一点。所有活动（不只是吃饭而已）所发生的世界和大人的世界是完全不一样的。我们不时会窥到幼儿看待事情的角度，这样的经验将使我们更懂得体谅2岁幼儿。

独自睡觉

父母遇到的另一个会严重挑战耐心的问题就是孩子的睡眠习惯。就像食欲不佳一样，孩子睡眠不好也会给家长带来一些情绪的困扰，尤其会让人焦虑和生气。

睡眠不好有很多种形式，有的孩子不愿在自己的床上睡，却可能在沙发上睡着，然后父母只好再抱他们去自己的床上睡觉；有的孩子坚持要爸爸或妈妈陪他入睡；也有的孩子每隔几分钟就吵着要找爸爸或妈妈；有的孩子会一遍又一遍地从楼上的卧室走下来；有的孩子夜里每隔几小时就会醒过来一次；可能还有其他各式各样的状况，但大致都围绕着同样的问题。睡眠不佳的共同点是什么呢？或许，潜在的问题是孩子得和父母分离，或是他们发现了自己和父母原来是独立不同的个体。

如果独自在婴儿床中或是床铺上等着入睡，孩子就会面临自己独自面对孤单或是寂寞的风险，这是成长为独立个体的过程中需付出的代价，我们必须发展独处的能力。或者在半夜惊醒时，他们不只会感到孤单，还可能猜爸爸妈妈不知现在在哪里？他们不在家了吗？或许他们正在一起做某件事，我却被漏掉了？或许，所有孩子都会在夜里惊醒，但是差别在于他们醒来时是否会因为父母在楼下或隔壁房间而感到安心？孤单、害怕、恐惧和胡思乱想是否占据了他们的心，使他们无法面对。

> **贴心小叮咛**
>
> 独自入睡、面对孤单，是发展独处能力的第一步。

通常，上述情况很少发生（例如，因为做噩梦惊醒）。但有些孩子的确几乎无法忍受任何一点孤单或是焦虑。当然，如果他们从来没有单独睡过，缺乏孤单一人的经验，自然无法处理这些感觉。

弗朗西丝从小就跟父母一起睡。虽然她的爸妈曾经试过让她在婴儿床里睡觉，但是她一直很抗拒。2岁时，她的爸妈实在无法忍受没有自己的时间、空间和隐私了。可是每次一跟弗朗西丝提到她的房间（装潢得很漂亮，也很舒适）是睡觉的地方，她就会陷入恐慌。父母迫不得已，只好让步。但他们渐渐发现这是需要注意和讨论的问题，不是不费吹灰之力、自然而然就可以轻易解决的。

他们严肃地一起讨论这件事情时，得出了两个结论：第一，不只他们没有自己的生活空间，弗朗西丝也没有，她自己也感受到了；第二，他们开始发现晚上的这种情况会影响弗朗西丝白天的情绪，她很难和父母说再见。他们慢慢得出这两个结论时，弗朗西丝已经变得像小暴君一样了，这对她有好处吗？

当他们统一阵线跟弗朗西丝说她得开始学着在自己的床上睡觉时，她非常生气。但是她的父母都认为，弗朗西丝应该了解现在该是她在自己的房间睡觉的时候了。他们看到弗朗西丝的愤怒时都很惊讶，也担心自己会因控制不了而发脾气。

2岁幼儿常会让父母的脾气一下子就冲上来。弗朗西丝的父母可以在情绪失控时互相提醒，压抑怒气和心中的无助感，同时仍保持坚定的立场。后来没多久，弗朗西丝也了解自己已经长大了，是一个大女孩了，该回到自己房间独自睡觉了。

有时候，睡眠不好的原因来自父母而不是孩子。有两个人一起观看了有关孩子睡眠不好的电视节目。影片中的家庭包括爸爸、妈妈和名叫彼得的小男生。他们自愿遵从治疗师的疗程来处理彼得不愿意在自己的床上睡觉的问题。治疗师要妈妈在彼得每次醒来离开房间后，再把他抱回去，让他回到自己的床上睡觉。摄影机拍摄了整个家庭的互动过程。这个过程相当痛苦又冗长，但最后，彼得终于可以在自己的房间睡觉了。其中一位从头观看了节目的人对另一个人说："我很好奇，现在这对夫妻有了多出来的时间，他们会如何与对方相处？"就在此时，影片的旁白说道："令人遗憾的是，在完成这部影片以后，珊卓和吉米的婚姻触礁了，他们分居了。"显然，观众的直觉是对的。彼得的存在和夫妻

贴心小叮咛

有时候，睡眠不好的原因来自父母，而不是孩子。

之前因他所产生的不愉快掩盖了夫妻之间的冲突，在彼得的问题得到了解决后，夫妻之间的冲突浮上了台面。

自己上厕所

如厕训练是另一个让父母担心且容易在家中引起冲突的典型问题。有时候，人们说："现在有方便的纸尿裤，何必担心孩子如厕训练的问题？等孩子准备好了，自然就会上厕所了。"唉，虽然有些孩子会自动自发地"训练自己"，但这不代表所有孩子都是这样的。这不禁让人认为以前的一些如厕训练所衍生出来的问题是因为太早或太严厉的如厕训练，并为此处罚孩子。很遗憾，事实并非如此。训练孩子上厕所并没有一个自然而然又简单的方式。

毫无疑问，在这方面，有些孩子就是比其他孩子学得快。托马斯才刚满2岁，是最小的孩子。他的爸爸跟妈妈说："是不是应该训练他上厕所了？"他的妈妈既要上班，又要料理家事，听到这句话时甚感压力，忍不住恼怒地大吼道："既然你觉得那么重要，那你自己去训练他呀！"他的爸爸很不屑地说："没问题，我来训练他。"托马斯的爸爸认真地跟托马斯解释说，他不能再一直穿着纸尿裤了，他要学着坐在尿壶上，或是像其他大孩子一样到厕所去解决问题。他下定决心在周末就教会托马斯。托马斯不是很会讲话，但是看起来很认真，也有点严肃。大家都认为他们可能会失败，没想到，他们成功了！托马斯的妈妈喜出望外。托马斯就像刚学会下水的鸭子，周末过后，和保姆待在一起时，他也能坚持自己上厕所了。甚至更进一步，没多久，他晚上的纸尿裤都没有尿湿，后来就不需要再穿纸尿裤了。

当然他们算是很幸运的。斯文的托马斯有雄心壮志。刚开始，妈妈有点不高兴，但是她和爸爸之间的关系还是很好。虽然爸爸的方式可能有点奇怪，但他采取了慈爱又坚定的立场。

贴心小叮咛

与孩子对决时，应该要态度温和而立场坚定。

但是，很多人可能不认为自己有这么幸运。家中可能因此冲突不断。幼儿通常会在18个月大时开始对垃圾（你丢掉的东西）和保留下来的有用东西产生兴趣。麻烦的是，当父母开始对2岁幼儿做如厕训练时，会特别遇到两个问题。第一个问题就是幼儿很固执，他们认为大小便是特别又珍贵的东西，因此不想丢掉。这是因为宝宝缺乏判断力，既不觉得恶心，也不会有任何排斥。学步期的幼儿正在培养分辨能力，但这有时候对他们来说是有点勉强的。第二个问题是，2岁幼儿的一大特征就是不情愿。2岁幼儿刚发现他们可以发挥影响力，可以表达拒绝和不同意。如果

> **贴心小叮咛**
>
> 学步期的幼儿正在培养分辨能力，经常误判是情有可原的，例如，认为大便是特别又珍贵的东西，不应该被马桶水冲走，因此不愿在马桶上拉臭臭。

他们不愿意做某件事情，谁都劝不动他们。

所有这些问题都会引发战争。父母有时候会很惊讶地发现自己无法要孩子立刻去做某件事。要他们吃饭、睡觉、使用尿壶的命令都成效有限，特别是如果之前刚胁迫过他们，就更没用了。从另一个角度来看，孩子也想取悦父母，想要看到爸爸和妈妈因为自己是一个聪明的好孩子而面露开心的神色。一方面，小孩子会有股冲动，希望快快长大，希望尝试新东西，成就心中令人赞赏的志向。但是相对地，孩子也有一些负面的感受，“我不想！”“我不要！”——这些强烈的“拒绝”感可能吞噬任何一个2岁的孩子。如厕训练也会造成焦虑。就像孩子对食物会有幻想或是对黑暗有想象一样，他们也能够经常以自认为有意义的方式锻炼自己的身体。有些孩子根本不认为大便是垃圾或无用的东西，他们会想：大便和身体的其他部分有什么不一样？我真的要把大便排出来吗？更糟糕的是，要把大便冲到可怕的马桶里吗？父母可以观察孩子喜欢玩类似大便的物质（泥状的馅饼、潮湿的沙和厚重的颜料）的时间有多长。要让他们舍弃大便很赞很棒的观念，恐怕也需要好长一段时间。

有时像大孩子，有时又像小婴儿

上述问题（吃东西、睡眠、如厕训练）的共同点是什么？它们都会为2岁幼儿的生活带来潜在的焦虑。或许是因为它们都跟这个阶段的成长重点息息相关，此时他们必须先面对分离和失落的问题，才能迈向独立，有属于自我的定位。能够自己吃东西，独自面对黑暗，自己上厕所，这些都是成长的重点。他们必须向依赖别人的婴儿期道别。在那个阶段，有人喂他们吃东西、哄他们入睡、帮他们换尿布；现在他们得进入学龄前的阶段，慢慢进入大孩子的世界了。

2岁的幼儿没有办法想到这么多。但是他们会感觉自己处于巨变阶段。改变总是伴随起伏，2岁幼儿正处于起起伏伏的发展阶段，内心因为一会儿进步、一会儿退步而挣扎不已。他们会一下子退化到婴儿阶段，一会儿又往前迈向幼儿阶段。

父母常常不知道要怎么帮助所谓“可怕的2岁儿”。虽然并不是所有的2岁幼儿都那么可怕，但之所以会有这种称谓，或许是因为我们直觉地知道，对孩子而言，这个时期充满可怕的挑战。我们可以提供更成熟的视角：我们可以办到，如果状态良好，就可以克服这些困难，孩子也会很快长大。基于这一点和其他合理又感性的提醒，我们不可能奇迹般地使一切顺利。但是父母可以在孩子“心情不好”的时候陪在他们身边，不断地给予孩子支持，使一心想独立的孩子有一天能够达成目标。这并不是要否定2岁幼儿，或是认为照顾2岁幼儿是一件苦差事。亲子间的紧密关系既意味着父母要替孩子感受以及与孩子一起去感受，有时还意味着要努力把“自己的思路”和“对幼儿的同理心”区隔开来。

贴心小叮咛

2岁是一个充满挑战的时期，这个年龄的孩子俗称“可怕的2岁儿”，可能一下前进到幼儿阶段，一下又退化到婴儿阶段。父母能做的是以更大的爱包容他们，以及在他们“心情不好”时支持陪伴他们。

特蕾西有两个女儿。老大很容易就戒掉了用奶瓶喝奶，大概在14个月大时就完全不需使用奶瓶了。但洁西卡就不一样了。她在2岁时仍要求用奶瓶喝奶。如果特蕾西在她不想用杯子的时候给她杯子，她就会大吼，不喝奶跑掉，把头埋在沙发里，屁股朝天，两脚用力地踢。特蕾西和她的丈夫马克并不想屈服在洁西卡的威胁之下——如果不给她用奶瓶喝奶，她就不喝，而且仿佛到了世界末日一样。特蕾西下定决心，一定要坚持下去，直到洁西卡的3岁生日临近。大约在生日前的2周，洁西卡喝得还是比特蕾西认为的少，这让特蕾西还是有点担心，但她努力保持镇静，跟洁西卡说她一定可以学会使用杯子。最后，大家都松了一口气，洁西卡终于发现她不需要依赖奶瓶了。这是关键的一步，对洁西卡而言更是。或许是洁西卡终于接受了妈妈那坚定但并非粗暴的建议。或许母亲所采用的方式也将成为洁西卡个性的一部分，并且内化成一种与人互动时的关系模式。

第三章

建立自己的人际王国

本章将探讨2岁幼儿和周围的所有人的人际关系。

父母是孩子生命中最重要的人，但孩子有时会迷惘，想独占妈妈或爸爸，尤其是想独占妈妈（因为母亲通常是主要的照顾者），会跟爸爸争风吃醋。当家中即将有新生儿诞生时，会对2岁幼儿造成极大的威胁，父母该如何面对与处理？

兄弟姐妹之间有竞争、分享的问题，独生子女也有缺乏玩伴的问题。本章还探讨了欺凌问题及背后的原因，印证了每一个欺凌他人的孩子背后都藏着一个故事。

“了解他，就能包容他。”但光了解他是不够的，还要为孩子划下界限，让他知道什么可以，什么不可以，这是很重要的。

父母是生命中最重要的人

本章将探讨2岁幼儿和生活环境中的所有人的人际关系。每个孩子都知道，父母是他们生命中最重要的人。这时就出现了两个问题：谁创造了我？谁抚养我长大？ 2岁幼儿正开始思考并回答这些问题，这两个问题对于建立自我认同和知道自己是谁很重要。我们与生俱来的遗传基因来自两个人，他们想方设法一起创造了我们。从受孕和诞生的那一刻起，我们所受的影响都直接和照顾我们的人息息相关，而他们的影响力也会因为对还处于依赖状态的幼儿有一份责任而发挥功效。

> **贴心小叮咛**
>
> 2岁幼儿正开始思考并回答一些问题：“谁创造了我？”“谁抚养我长大？”这两个问题对于建立自我认同和知道自己是谁来说很重要。

很多孩子不单单是由父母抚养长大的，也有可能是由祖父母、未婚姨妈们、养父母或哥哥姐姐带大的。尽管如此，亲生父母对每个人来说还是很重要的。我们在脑海里有父母的“概念”，无论是在记忆里、想象里或梦里，在有意识和无意识的思想里，在外在或是内在的心智里，在表层和深层，都有这个概念。父母的概念是最具影响力的。举例来说，如果我们不知道自己的父亲是谁，我们会从和男性及女性关系的经验中，也从生活的经验中，从电影、剧院、电视和书籍中，建构父亲的概念。同样，如果我们是由亲生母亲之外的人抚养长大的，我们对母亲的概念就只能通过这个人及其他各种复杂的人际关系和经验来想象。

我们也会对父亲和母亲彼此间的关系有概念，他们是创造我们的最重要的人。

要了解父母有多重要，最简单的方式或许是观察和父母同住的2岁幼儿。如此一来，以后他就能轻而易举地回答“谁创造了我”和“谁抚养我长大”这两个问题。无论如何，我们看见所有的2岁幼儿都在经历建立父亲和母亲这两个概念的过程。对有些人来说，要认为父母是最重要的人是困难的。但我们不得不承认这个事实：每个人都有父母。

如何同时爱妈妈和爸爸呢？

2岁幼儿仍然非常依赖母亲，一旦感受到了一丁点儿威胁或忧虑，母亲从来都是他们第一个求助的对象。如果妈妈不在身边，孩子一定会跑去找和妈妈的属性最接近的那个人，一个使他想到了妈妈的人。母亲是一个能让孩子产生热情和依恋的客体，是学步儿依赖、崇拜和喜爱的对象。但是这其实又很复杂，除了母亲，学步儿也有其他依赖、崇拜和喜欢的人，比如爸爸。如果孩子可以同时喜欢两个人，当然没问题。但是如果你感受到了爸妈之间的竞争呢？如果你开始想要同时黏在分开的这两人身上呢？你要如何处理切割忠诚度的问题呢？

这个问题无论以哪种形式出现，总是要面对的，不只是因为学步儿已经注意到了有比妈妈更具吸引力的人，他们也注意到了妈妈还有时间可以给其他人。我们因此看到了情绪上的难题。如果想要成长之路顺顺利利，就得面对和克服这个问题。有些男孩或女孩会固执地想：自己和妈妈的关系是独一无二的：世界就只有他们两个人，就是这么简单。克洛伊几乎不让舅舅跟妈妈讲话。"你走开！"她会哭着这么说，然后紧抓着妈妈说："妈妈安静，不要说话！"

当然，有时候是父亲限制了孩子。黏着妈妈不放的小男孩想要睡在妈妈身边，跟妈妈撒娇，把爸爸踢出去；但是男孩心中也崇拜着爸爸，想要像他一样会开车、用计算机，做任何他觉得是爸爸在做的事……这种冲突需要一段时间来解决。你要如何同时爱两个人呢？

你要怎样容许这两个人的关系是会把你排除在外的呢？这让我们回想起本部分第二章提到的弗朗西丝，她无法在父母待在一起时独处。孩子必须让父母有些自由，无论是单独待着的自由还是父母待在一起的自由。但这对2岁幼儿来说很难。2岁幼儿很难想象妈妈到什么地方去居然会不带他！更糟糕的是，有时候妈妈宁可不带他一起去，或者宁可带着别人或别的东西。通常，孩子需要好几年的时间才有办法调适，2岁幼儿现在不过才开始尝试。我们本能地想让学步儿有一丝丝失望，用言语和行动向他们保证：他们仍然是我们生活中最重要的人。而随着日子一点点过去，情况会渐渐改观。2岁幼儿知道爸爸的世界还有一个女人，也就是妈妈；妈妈的确需要有人陪伴，那个人就是爸爸。就算没有双亲中的一位存在，生活中仍然会有对手出现，这是没有办法的事。

> **贴心小叮咛**
>
> 有时，让孩子感受到一丝丝失望和失落是好的，只要让他们知道他们仍然是父母生活中最重要的人就可以了。

“妈妈，你什么时候生小宝宝？”

紧接着的相关问题是另一个新生命的来临所产生的问题——在某个程度上，这件事情证明了学步儿有时是会被蒙在鼓里的。我并不是说2岁幼儿很清楚宝宝是如何受孕的；从另一方面来看，毫无疑问，一定是发生了什么事，导致他们的小小竞争对手出现了。

妈妈怀下一胎的时间通常是在老大满2岁时。这是合理的，因为老大已经不再是小婴儿了，而且这时两个孩子的年纪仍然可以很接近，可以做伴。这是真的。但是在他们真正能够成为朋友和玩伴前，还有好长一段路呢!

无论是男孩还是女孩，都会对怀孕这件事很有兴趣。西蒙2岁零6个月时会尽可能地把肚子挺起来。当别人问他在做什么时，他说他肚子里有个小婴儿。他的妈妈听他这样说过几次以后，温和地开导他，告诉他小男孩长大以后会当爸爸，而爸爸是不会怀小宝宝的。西蒙很难过沮丧，执意说他会有宝宝，会当妈妈。由于西蒙非常坚定，他的妈妈认为或许先不要跟他辩论了，就把这件事交给时间吧。西蒙很崇拜也很羡慕妈妈有办法怀孕，所以很难接受自己不可能有这一天。当然，对于小女孩黛西来说，这件事是有可能的。但是这也让她很困惑、很难理解。她并未直接说她身体里有个宝宝，只是不愿意听妈妈的话，不愿坐在餐桌前，会穿上靴子，到处作怪。她好像是因为妈妈特有的能力而生气，不断地和妈妈作对，让妈妈感到疲惫不堪又生气。妈妈的忍耐力几乎已经到了极限。但有时候，黛西又会情绪崩溃大哭，好像对自己所造成的困扰感到很抱歉，很担心妈妈会因此而生气。

在上述例子里，幸好都有爸爸实时发挥作用。西蒙的爸爸不自觉地给了西蒙特别的关爱，使西蒙觉得爸爸很重要，也很有趣，以后长大像爸爸这样好像也不坏嘛！黛西的爸爸则给太太安排了所需要的休息空间，会带黛西出去走走，也对她特别照顾。黛西渐渐觉得好多了，好像妈妈没能如她得到这些好处，好像当个小女生也不赖。

> **贴心小叮咛**
>
> 当2岁幼儿因为新生儿即将到来而焦虑不安并捣蛋时，亲爱的爸爸请发挥功能，帮妈妈分担一点，带孩子出去散散步吧。

当家中即将迎来新成员时，西蒙和黛西都有复杂的反应，这是很需要注意的，同时也得了解新成员的诞生会引发哥哥姐姐截然不同的感受。首先是正面的感受，有个弟弟或妹妹是很美好的，小朋友甚至会感受到父母的骄傲和慈爱。看到新生儿所受到的宠爱和期待，他们会想起自己以前也是很受宠的小婴儿。第二种感受则是棘手的。哥哥姐姐难免产生被人取代和排挤的感受。有些父母自己都还记得那种感觉。一位父亲就说："我实在无法理解爸妈已经有我了，为什么还要生弟弟妹妹？"有时候，每个人的注意力都在新生儿身上，事实上，只要别太过分，这是合理的。但如果因为关心某个孩子而忽略了另外一个孩子，就不好了。

> **贴心小叮咛**
>
> 爸妈请注意，如果因为关心某个孩子而忽略了另外一个孩子，就不好了。

对2岁幼儿来说，处理这些矛盾的心情实属不易，毕竟他们只比小婴儿大一点点。他们需要很多的协助和温暖。如果父母忽略了他们心中五味杂陈的感受，就对他们一点帮助都没有。有时候，我们会听到有人说学步儿多么爱新生儿，其实就算是旁观者也能嗅出不寻常的信号。本的妈妈跟来访的朋友说本对宝宝很好。可是妈妈一离开房间，本斜眼看了客人一眼，就跑到了沙发那里，明显是想把露比踢下沙发。朋友连忙跳起来阻止了本，他才收敛了行为。等到面带微笑的妈妈再回到房间时，她再次夸奖了本，说他很乖。从这个例子可以看出问题：本知道他只能偷偷攻击露比，就好像他担心万一妈妈看到他有多嫉妒妹妹时会无法忍受。但他似乎也希望大人给予协助，他看了妈妈的朋友一下，引起了她的注意，才去做他很想做的事。这样一来，一旦大家发现了本对妹妹的敌意，也就不会有太大的惊恐了。如果这种关系持续下去，没有人发觉，危及了他和妹妹之间的感情，就太遗憾了。露比需要本的保护，本也需要别人的照料，使他不再做出对妹妹有敌意的举动。但是要他主动停止类似行为是不可能的。

忽略本心中的嫉妒和敌意显然没有任何好处，太激进也一样没有帮助。黛西在妈妈怀孕时很难适应，直到妹妹诞生的那天，她还是很难调适。她把牛奶倒在地上，大声尖叫着要吵醒妹妹，并且不愿意帮任何忙。黛西的妈妈感到筋疲力尽。她眼中的黛西就是一个嫉妒心很强的孩子。她不断地和朋友及家人讨论黛西的问题。其中有一位朋友刚好目睹了黛西悲伤的模样，不禁想说是不是黛西欠缺一个公平的机会，可以好好表现一下。她的妈妈似乎相当沮丧，认为黛西永远不可能和安妮好好相处。再一次，黛西的爸爸出面帮忙，他观察到黛西对安妮的出生有着相当复杂的反应，包括她对小宝宝有相当浓厚的兴趣。其实对妹妹有兴趣的这一面再过一段时间就会出现了。

让黛西难以相信的是，父母心中居然容得下两个小女生。这对孩子来说是很难理解的，比一般人想象中的还要难。学步儿以为自己就是父母的全部，但是现在只好很无奈地放弃这项特权。他们很难想象爸爸和妈妈可以没有自己的陪伴地单独待在一起。妈妈居然可以既爱爸爸又爱我，爸爸也一样。但是一旦幼儿可以想象或是从经验中发现爸爸和妈妈真的可以好好照顾两个孩子，互为敌对的两人的需要都可以获得满足，爱与恨造成的冲突也可以得到处理，自己仍是被爱的，小宝宝也是被爱的，那么学步儿对父母的信心就会大增。相应地，他们的视野也会开阔一些。

贴心小叮咛

让学步儿了解爸爸妈妈在爱他的同时也可以爱小宝宝，就可以化解哥哥姐姐们的争宠情结。

兄弟姐妹以及朋友之间的互动与欺凌

当然并不是所有的2岁幼儿都有弟弟或妹妹。有些孩子可能排行中间，有的孩子则是老幺。兄弟姐妹的关系对于日后发展和同侪、同学、工作伙伴、邻居、同事以及成年后朋友间的关系，扮演着举足轻重的角色。发展良好人际关系的能力要从很早的时候

贴心小叮咛

每位欺凌者背后都隐藏着一个故事，年幼的欺凌者可以通过引导来改正偏差行为，但到了青春期就很难了。

培养。待会儿我们会探讨真实的友谊。助人的、互相合作及友善的人际关系最早是从父母彼此的关系以及父母和我们的关系中去学习。从小生长在不断有暴力冲突、争吵和虐待的家庭里，孩子当然很难和同龄的小朋友好好相处。我们从幼年时期的经验中学会了妥协、协商、分工合作和争执，以及修复、体贴和宽恕。

如果家中不止一个孩子，以上这些功课就容易多了。独生子女要如何学习处理兄弟姐妹之间的关系呢？很重要的一点是，兄弟姐妹就跟爸爸妈妈一样，从根本上来说就是一个“有力量”的形象，在某些情况下则会成为一个事实。从小不是由父母带大的孩子依然会有这种所谓父母亲是“有力量”的概念，而且会对他们的情绪发展产生深远的影响。同样，独生子女也会从和他们互动的人身上获得对兄弟姐妹关系的概念。换句话说，他们可以从想象、幻想和经验中拼凑出兄弟姐妹的概念。就像一般人认为的，对独生子女来说，重要的是有“施与受”、竞争、乐趣以及和同龄小朋友之间因密切互动而发生问题的经验。

贴心小叮咛

记住，为独生子女找个合适的伴吧！

纳森是家中的独子，父母本来就没有计划再生第二个，后来却感到有点遗憾也有点罪恶感。纳森的妈妈决定要好好地和住在附近的一个家庭保持联系，让家长们互相熟稔，那个家庭有三个孩子。纳森2岁时，他和妈妈开始和其他孩子及他们的妈妈有固定的活动。一开始，纳森有点不知所措，尽管那些孩子非常欢迎他，但他还是黏着妈妈。他的妈妈焦急起来了，也有些羞愧，不禁想："真是没用的家伙！"但在深刻反省以后，她发现纳森接触到的同龄孩子实在太少了，周围是有一些年纪比他大的孩子，但是年纪相仿的几乎没有，他因此而感到紧张也就不足为怪了。纳森的妈妈愿意坚持下去的另一个原因，是她和那位妈妈感情很好。因此，为了自己，也为了纳森，妈妈非常珍惜互相拜访的机会。双方家庭从这些互动中有很大的收获，孩子们开始喜欢纳森了，纳森也一样。她的妈妈观察了一阵子以后发现，就算纳森现在到托儿所去，他还是会把这三个孩子当作他最特别的朋友。

或许这样想太乐观了，并不是所有的兄弟姐妹都相处得这么好。别忘了，在我们照顾学龄前的孩子时，这些孩子还无法自我管理，他们需要大人的监督、保护和替他们思考。我们的内心深处总是有潜在的欺凌性，尤其是在小时候，这股冲动会被唤醒。2岁幼儿有时需要稍大的孩子的保护，就像露比需要被保护，以免哥哥无法自控地把她从沙发上推下去。无论是欺凌者还是受到欺负的孩子，都可能因为大人的疏忽和没有尽到责任而两败俱伤。

纳森的父母在为他寻找朋友时，很高兴看到朋友的孩子都跟纳森年纪相仿，于是两家的情谊很容易建立。那个家庭有一个叫丹尼的小男生，年约4岁。纳森的爸妈认为，纳森跟年纪大一点的孩子玩也很好，但是渐渐发现这是一个问题。丹尼父母的婚姻有些问题，纳森的父母担心丹尼可能会受到影响。当他们看到了丹尼对纳森的行为时，更觉得烦恼了。丹尼越来越强势，他坚持（根据丹尼妈妈的说法）留很短的大男孩头，穿大男人的靴子，他会到处跑来跑去，命令纳森做东做西。纳森不听从时，他会大声咆哮或是推纳森。纳森觉得这样很恐怖。几个月下来，纳森的父母更担心了，因为他们没有看到任何情况好转的迹象。丹尼的父母会指责他、纠正他，但是这些做法只是让丹尼偷偷摸摸地欺负纳森。他和纳森会到花园去，之后纳森总是哭着回来。

经过几番反省，纳森的父母觉得不能再这样下去了。或许和丹尼的父母讨论一下比较好，但又觉得这不太可能。唯一的解决办法就是不要让丹尼单独和纳森相处。虽然纳森的父母知道要优先考虑宝贝儿子的需要，但也知道丹尼本身有很大的困扰，通过欺负敏感的纳森无法改善丹尼的问题。我们或许可以认定纳森的脆弱会提醒丹尼自己敏感的那一面，这是他父母的问题给他造成的困惑、惊恐和伤害。通过攻击纳森，丹尼在试着压抑自己脆弱的那一面。

但是纳森正活生生地遭到欺负。他们的互动对他是有害的，会伤害他对友善、合作的信心，使他尝到受害者的滋味，对他一点帮助都没有。纳森的另外一个选择是，如果不想被丹尼欺负，就得和丹尼合作。这正是纳森的父母所看到的情况，纳森模仿丹尼，跟着他到处跑，很热络地讨论杀人的事情。纳森的父母觉得这样太过火了。

值得我们留意的是，欺凌他人的孩子本身常处于困境之中。年幼的孩子可以通过治疗来改正这样的处境，一旦到了青春期，这些方式就无法发挥作用了。当然，兄弟姐妹之间也会互相欺负，因此这个行为模式一旦固定，以后就会变成很严重的问题。

我们不能把所有2岁幼儿的攻击模式都想成像可怜的丹尼一样。洁西卡的妈妈特蕾西带洁西卡到沙坑玩，那里有一个比她小的孩子，可爱地在附近徘徊，用了洁西卡的沙桶。就在一瞬间，洁西卡一转身，拿起她的塑料铲子就朝那个孩子的头打下去。洁西卡的妈妈吓得跳了起来，这是洁西卡吗？洁西卡一向和表哥相处融洽，就算姐姐的要求很严格，洁西卡仍然坚强乐观。被打的孩子哭了起来，特蕾西赶紧道歉，告诫洁西卡不可再犯。结果呢？洁西卡似乎没放在心上。重复了几次类似的行为以后，她终于稍微收敛了一点。特蕾西不得不调整她对洁西卡的印象，对自己心中的洁西卡的形象做了一番修正，包括洁西卡可能跟姐姐一样没有耐心。洁西卡是相当有决心又开朗的孩子，很容易融入哥哥姐姐的生活圈。但是她的妈妈发现她对比她小的对手有独特的感受，在这一点上，洁西卡就是那个不愿意放弃使用奶瓶的宝宝。她似乎觉得当老幺很好，不容易接受比她小的孩子。

在另外一个层面，读者可能还记得洁西卡就像所有的2岁幼儿一样，有一项重要的功课需要开始学习，这项功课也是所有人在一生中都需要复习的，包括体谅别人也跟我们一样是独立的个体，有感情、思想、感受、希望和恐惧。2岁幼儿才刚开始对他人产生同理心和关心。要完全体会这种感受，必须等孩子开始了解其他人是和自己有所区别的人，有属于自己的生活。在洁西卡打正在学习走路的幼儿时，当下的她只觉得这个孩子很惹人厌，想要赶走她。她没有能力去思考“如果别人这么对我，我会有什么感受?”事实上，我们也知道她从前就不太在意表兄弟姐妹拿走她的东西，她一向以好脾气出名，她是否一直都想要回避自己苦恼的感受?她现在2岁零6个月了，才开始相当不情愿地发现，自己必须想想别人是不是会感到有一点受伤?

贴心小叮咛

2岁幼儿开始发展对他人的同理心和关心了，在这个阶段要经常让他们练习如何“感同身受”。

有趣的是，洁西卡在连续犀利地攻击比她年幼的孩子以后，接下来有一段时间，她特别对小东西有兴趣，像是宠物、娃娃、婴儿车里的小婴儿。她的父母过

贴心小叮咛

帮助孩子了解每个人都有善的一面和恶的一面，包括孩子自己。

去一直以为她是本性善良的孩子。但她毕竟是人，就像所有人一样，她既有善的一面，又有恶的一面。在父母的帮助下，她最终认清了这一点。

家庭以外的社交圈

我们已经知道2岁幼儿是如何发展社交能力的。父母对于托儿方式有自己的选择，而且会觉得这是一个相当严肃的课题，需要考虑家中每位成员的需要。要做这些决定并不容易。我们都知道幼儿的经验对于未来的成长非常重要。因此，决定由谁照顾孩子的过程一定会使父母有些焦虑。

整体讨论这个课题并不是本书的工作，不过倒是可以依照顺序简要地思考有关2岁幼儿的照顾议题。他们的需求是什么？不同的托儿方式有什么好处？

组织化的托儿所（无论是半天的还是全天的）的好处是相当明显的。父母不需要只和单一的对象（保姆或奶妈）互动，因为他们主要的问题就是可依赖度不高。万一你必须工作，又得知保姆伤到了腰或是要离职，就会面临很大的困扰。但是，如果父母将2岁幼儿托付给保姆，通常是因为他们认为2岁幼儿应该和信得过的照顾者培养出真实的关系。重要的是，白天若把孩子交给托儿所照顾，就是希望孩子能够得到大人足够的注意。需要依赖一位机敏的、乐意从事这份工作的人来照料的不只是孩子的身体和安全，孩子的心理发展也同样需要关注。2岁幼儿的大部分时间该由理性的大人陪伴。只有曾被别人关照过，我们才能学习替别人着想。有些孩子在某些托儿机构中被训练得不会替人着想。

贴心小叮咛

2岁幼儿大部分的时间该由理性的大人陪伴。因为只有当别人学着替我们着想时，我们才能学习替别人着想。

换句话说，2岁幼儿喜欢和其他小朋友在一起，也会从游戏中受益多多，渐渐地就会越来越和他们产生联结。如果交由保姆照顾，是否有其他小朋友的陪伴就很重要了。学步儿团体，如音乐团体、读书团体、公园游戏场所里的团体都相当受欢迎。他们为2岁幼儿的需求做了相当周全的思考。如果你2岁，你既可以跟带你来的大人黏在一起，也可以在想要加入时参与那些活动。

父母几乎不需要旁人提醒就会非常注意，也有很多信息可帮助他们了解选择托儿的方式。这意味着不但要听听别人跟你说的信息，也要进行敏锐的观察。2岁幼儿所意识到的和依赖的最重要的“思维心智”其实来源于父母。思维心智可帮助2岁幼儿面对生活中出现的难题，当然父母也可帮助他们享受生活中的乐趣。

无论是由母亲全职照料，还是被送到全天的托儿所，都可以为2岁幼儿带来充实而快乐的生活。但这并不代表“没有例外”。

我们要有心理准备，有时候难免不确定自己所做的决定是否正确，甚至几年后再回头看时，可能会觉得其实当年或许不需要那样做。但你只要记得，当下的决定都是父母尽全力做出的。

第四章

陪伴孩子成长

很多父母不知如何陪伴自己的孩子，认为照顾好他们的吃穿就好了，其实这是不够的。

本章告诉我们，通过和孩子玩游戏，可以培养他们的思考力和探索感觉的能力；念睡前故事或陪孩子看图画书，都是很好的亲子活动。

如何选择玩具，如何帮助年幼的孩子面对恐惧和赶走噩梦，如何和2岁幼儿用语言沟通等，在本章都有详尽的说明。

最后，本章还提到了“利用电视来照顾孩子，好吗？”这个议题，让大家反思和讨论。

通过"玩"学习思考和探索感觉

玩耍是2岁幼儿的工作，他们从一大早起床就开始玩。山姆起床后会先对着彼得兔说话，再到卧室去找爸爸妈妈。彼得兔是他的另一个自我（alter ego），也就是另一个山姆，可以随时陪在他身边。当然，彼得兔不会回话，它只是一只毛绒玩具罢了，上紧发条时，会奏起摇篮曲。因此，山姆正在学习不需要他人。他知道早上起床时只有自己一个人，也在尝试了解以假乱真和实际情况之间的不同；他也在思考友谊的本质，并且对自己以外的东西产生热爱之情。从这里就可以看出，光是早上起床和彼得兔待在一起的几分钟，就拥有了复杂又多样的功能。

像山姆一样的2岁幼儿还不会用脑袋思考，玩耍就是他们思考的方式，是跟着孩子的需求去探索他的现实、心智及情绪世界的方式。山姆自己玩了几分钟，虽然每次的时间都不长，但是这个年纪的孩子的确会在这样的情况下自己学习思考。黛西的妈妈无意间听到她蹲在花园里的一堆叶子和石头旁轻轻地哼着歌。她不断以感伤的语调重复唱着："很多很多小朋友都走了。"那时的她非常专注。我们不知道黛西的心里到底在想什么，但她的行为好像在告诉我们，她正在想一件很严肃的事，跟失落感有关。

玩耍可以自己跟自己玩耍，也可以跟别人一起玩耍。2岁幼儿正要开始领会一起玩的概念，而且一开始都是跟有意愿的大人或是年纪比较大的孩子一起玩的。山姆很喜欢建筑师巴布的角色，很多小朋友也很喜欢巴布，他是一个充满活力的角色，深受许多小男孩的喜爱。山姆有一套建筑师巴布的玩具，里面有顶坚硬的黄色盔帽，随身箱里还有一套塑料的建筑工具组。当他第一眼看到盔帽时，他的眼睛睁得斗大，好像无法相信这世上居然有这么好的东西。一开始，他还有点不好意思把它戴上，好像在犹豫自己是否配得上这项殊荣。当然他很快就接受了，好长一段时间都在扮演建筑师巴布。山姆也会要求妈妈一起来玩。节目里有一个角色叫温迪，无论温迪原本在节目中是什么角色，在山姆的游戏里，妈妈就是温迪，不但是巴布的助手，实际上更是他的帮佣，得听候使唤，毫无怨言地工作。

贴心小叮咛

玩耍可以是自己跟自己玩，也可以是跟别人一起玩，2岁幼儿正要开始领会一起玩的概念。

山姆在玩耍中想象着成年男子大概是什么样子。他对黄色盔帽的第一个反应显示出这个人对他的启发有多么大。他也把这个角色扮演得很有威严，告诉温迪该做些什么事，带着他豪华又近乎神奇的工具，使他更显气派和权威。他对成年人的概念当然只是小男生的观点，并非真实的。但他正在探索属于自己的想法和感受，也在探索工作和合作的世界，这都是他在这个阶段成长所需要的。他的妈妈觉得他气派的样子很可爱俏皮，很适合他这个年纪，要是换成比较大的孩子来使唤她，可能就没那么好玩了。

有时候，玩耍又跟体能极限有关联。处在2—3岁的孩子成长得很快。从有点不太稳，到越来越能主宰自己的身体，可以跑步、攀爬和骑东西。在体能发展的同时，心理也在成长。如果你能把某件事越做越好，就越不需要奇迹或佯装。学习技巧的确对跑步和跳跃很重要，因为身体需要运动，所以体能活动对孩子是很有帮助的。同时也能给他们一种掌握自己身体的感觉，使他们能适当又坦然地做自己。

> **贴心小叮咛**
>
> 体能活动对孩子是很有帮助的，同时也能给予他们一种掌握自己身体的感觉。

有很多玩耍都跟获得主控感有关。想象一下孩子如何学会走路、攀爬和跑步是相当具有启发性的。其实，这要靠不断的练习。很多孩子一次次跌倒后都会再站起来，再试一次。同样地，很多具有想象力的游戏的焦点都放在了通过发展肌肉来锻炼心智上。我们知道思想和感觉紧密并存，孩子有很多方式可以探索感觉，学习思考事情，这些都是需要努力的。举例说，孩子到医院去或在接受治疗时，可以从医生的医疗箱玩具中获得满足和安全感，这是相当普遍的现象。医院这个环境要获得孩子的信赖是很有挑战性的：医生明明弄痛你了，怎么可能是友善的？为什么爸爸或妈妈会帮医生而不是跳起来保护我呢？当然，这就需要跟他们进行解释，也需要对他们展现同情心。但一看完诊，孩子又可以玩起当医生的游戏了，像是给病人解释病情，给泰迪熊或彼得兔打针。

鼓励阅读

父母都被鼓励多跟孩子一起看书，念书给他们听。许多人很喜欢这么做，想想孩子可以从看书中学习到什么也蛮有趣的。许多2岁幼儿已经很喜欢看书、听故事了。如果他们还没有这个习惯，现在便是开始的最佳时机。虽然看图片是孤独的乐事，但这个年纪的孩子没办法看太久。但是如果能和大人一起坐下来听书，就大不相同了，因为彼此间有种温馨的亲密感。孩子会觉得自己在跟某人一起做某件事。2岁幼儿不只是喜欢窝在大人身边看书，也喜欢贴近大人的内心世界。大人可帮助孩子维持这种兴趣和专注力，吸引他们把注意力放在图片上，带领他们一起了解故事的发展。学步儿会跟着故事情节的发展了解内容。

贴心小叮咛

许多2岁幼儿已经很喜欢看书、听故事了，如果还没有这个习惯，现在是开始的最佳时机。

这个年纪的孩子可以看的书籍范围很广。他们还是很喜欢婴儿时期的书籍，举例来说，像是画着日常生活中很熟悉的东西的图画书，以及稍微复杂的但以类似的方式呈现的图画书，像是爸爸刷牙、妈妈打电话，膝盖上坐着一个宝宝、学步儿坐在高脚餐椅上，等等。这些都是我们要讨论的重点。

有些早期幼儿的书籍提供了重要和相关的讯息，可以刺激学步儿思考。光是“小宝宝诞生”这个主题就有很多种吸引人的选择。这个主题和幼儿息息相关，就算家里实际上并没有小宝宝要诞生也没关系，因为两三岁的孩子的确已经开始思考这个问题了。亚历克斯是家中四个孩子中的老幺，当然是妈妈最后生的孩子。有一天，他问妈妈:“你下次什么时候生小孩？”正好有本关于这个主题的书，是由夏洛特·浮高（**Chralotte Voake**）所写的《金杰》（***Ginger***），她描写了一只猫如何适应小猫咪诞生之后的生活。狗儿也被召集来破坏小猫咪受宠的地位。书中要传递的讯息就是猫爸猫妈仍然爱它们，就像爱刚出生的猫宝宝一样。

就像大人欣赏各式各样的艺术作品一样，类似的书籍具有同样的功能，能敲开孩子的心扉，引导他们面对困难，使这些问题变得可以处理，并且刺激他们进一步思考。许多学步儿喜欢的书籍会介绍很多新事物、新地方和新观念，让孩子每天的生活都更加充实。孩子也有自己的好恶，有的喜欢这一本，有的喜欢那一本。山姆完全臣服于一本有关猫头鹰宝宝的书，讲述的是它的妈妈离开之后再回到它身边的故事。莎拉喜欢一而再再而三地听三只小猪的故事。黛西则喜欢听鲁伯特熊（**Rupert Bear**）的故事，尽管妈妈觉得黛西应该是听不懂的。书籍是满足孩子对知识的渴望的重要渠道，虽然并不是唯一的方法，但如果忽略了它的重要性，未免太可惜了。

贴心小叮咛

书籍是满足孩子对知识的渴望的重要渠道，而且孩子有他们选书的好恶，父母需要尊重。

选择的玩具越简单越好

大部分的人都会不以为然地注意到，其实不见得一定要买昂贵的玩具给孩子玩。在现代富裕社会中，许多孩子拥有一大堆玩具。这不见得会有什么伤害，只是并非必要，因为孩子总是会找到可以让他玩得很开心的东西。很多2岁的孩子很容易拿到炖锅或木头勺子，或是在花园中找到的石头和树枝，然后玩得不亦乐乎，就跟他们拿到了高级的玩具一样有趣。当然，爸爸、妈妈、爷爷、奶奶和叔叔、阿姨等都喜欢送礼物给孩子，希望为他们带来欢乐。

通常，越简单的玩具，越经得起时间的考验，能带来最持久的乐趣。砖块和积木、茶具组、小汽车或是火车、

贴心小叮咛

通常，越简单的玩具，越经得起时间的考验，能带来最持久的乐趣。

软绵绵的玩具娃娃等，都会给2岁幼儿提供充分的机会，以锻炼他们的运动技巧和思考能力。

帮助孩子面对恐惧及噩梦

从上述两个部分，我们知道了游戏和书本是如何激发孩子的想象力的。有时候，他们活泼过了头，会有点失控。2岁幼儿对现实还没有很具体和正确的观念，噩梦或孩子的恐惧有可能会在学龄前的任何时候对他们造成困扰。莎拉会在半夜哭醒，无法安抚，显然很害怕。妈妈发现，原来她很害怕挂在墙上的维多利亚式托架，那是一个小古董架，用来摆放花瓶，这个架子就高挂在莎拉的房间里。经过仔细检查，莎拉的妈妈发现这个东西看起来有点像人脸。她马上说："讨厌的旧东西，让我们把它丢掉吧！"于是就把这个让人不舒服的东西拿走了。这么做或许比对可怜的莎拉说"没有什么好怕的"更恰当。自然地，探索有时或许是按照顺序进行的，但莎拉的妈妈觉得这次这么做是对的。莎拉说："太好了。"之后她有点打嗝，然后就睡着了。我们可以想象，可能是莎拉做了噩梦，醒来时发现梦是真的，因为有一张可怕的脸就挂在墙上看着她。

孩子的心中有时会有我们不知道的忧虑和恐惧。我们可以让自己回到以前（或许无法回到2岁，那么至少可以回到四五岁），这样就可以明白孩子心中的恐惧有多么真实了。当他们可以开始分辨想象和真实时，恐惧就会大大减轻。就算只知道发生的一切只是一场梦，对他们来说也是有帮助的；幼儿是无法做到这些的，才会将它当真。黛西有天半夜哭着醒过来，她的爸妈刚开始听不懂她在说些什么，最后她努力地说出："爸爸把所有的饼干都吃掉了！"虽然这听起来很琐碎，但对黛西来说可是一件大事，因为她担心没有东西可以留给她。她很肯定爸爸和饼干的事是千真万确的，因此需要父母一再解释和再三保证。

贴心小叮咛

小小孩的心中有时会有我们不知道的忧虑和恐惧。当他们可以分辨想象和现实的不同时，恐惧就大大减轻了。

用简单的话语和孩子沟通

莎拉和黛西做梦的例子告诉了我们语言能力的重要性。当恐惧可以化为语言时，就没那么有威胁性了，可以理解的探索能够减少焦虑。当然，还有很多种不需言语的沟

贴心小叮咛

当恐惧可以化为语言，就没有那么具威胁性了，所以要多多鼓励、引导孩子说出心里话。

通方式，婴儿就充分利用了这种方式。但有些沟通只有语言做得到。学步儿已经会用语言描述很多事情了，可大大增加他们对世界的掌控度。

众所周知，孩子开始讲话的年龄有很大的差异，这也是很多父母忧虑的焦点之一。有的孩子1岁就会说话，有的要3岁才开始冒出语言。洁西卡并不是很早就开始讲话的孩子，但她的理解能力非常好，脑子里懂的比她能说出来的还要多。2岁零6个月时，她有一次需要到医院做血液检查。她讨厌帮忙抽血的那个医生，于是当医生告诉妈妈结果正常时，一向不太说话的洁西卡突然迸出一串话："不要血！不要血！你医鳄鱼[1]！"她处于压力之下，不仅可以清楚地表达不要抽血，还能把医生和鳄鱼这两个字结合在一起，表示她觉得医生很冷血。

贴心小叮咛

小小孩学会讲话的时间差异很大，有的孩子1岁就会说话，有的孩子要到3岁才会冒出语言。爸爸妈妈们别烦恼。

根据纳森妈妈的观察，她认为有时候孩子口语表达能力太强反而会让人喜忧参半。纳森很会讲话，由于有很多时间单独跟大人待在一起，他有很多机会可以练习。在公园里，纳森走到了一位年纪相仿的小男生面前跟他说："你好，我的名字叫纳森。"

[1] 洁西卡原来说的词是"DOCODILE"，即doctor（医生）和crocodile（鳄鱼）的结合。——译者注

另外一个孩子难以置信地看着他。“你好。”纳森又重复一次，“我的名字叫……”他还没讲完，那个小男生已经失去了耐心，觉得纳森挡了他的路，因此稍微推了纳森一把，纳森一个踉跄跌倒，垂头丧气。有时候，大人期待纳森表现得比实际年龄成熟。但是，纳森的妈妈有自己的看法，虽然纳森的语言表达能力很成熟，甚至早熟，但实际上他还是跟其他同龄的孩子一样小，一样脆弱，对人生充满困惑，也很容易因为一些小东西而高兴得不得了。

纳森有时候会勉强自己理解一些困难的概念，就好像要提早长大当大人一样。所有孩子都生活在一个超乎他们理解能力的世界里，有些东西必须要放手，知道自己还无法理解或做得到。有时候，甚至会发生丧亲悲剧或父母离婚，大人必须向学步儿解释。这对父母来说是相当困难的，他们知道有些事一定得告诉孩子，但又不知该如何开口。或许可以先开始传达日后必定还会再涉及的讯息。另外，爷爷或奶奶去世也是很多人会遭遇到的经验。2岁幼儿是无法一下子就对死亡有概念的。“离开和永远不会再回来”对他们来说实在太吓人了。

还有许许多多的议题，有的相当重要，需要尽量以最简单的语言跟这个年龄的孩子解释，父母也知道这是长期的工作，甚至要过很多年，他们才有办法消化吸收。这些议题包括收养，父亲或母亲的离开，同性恋家庭中的孩子的处境，父亲、母亲或是兄弟姐妹去世。在跟孩子提这些话题时，千万不要一下子讲得太多太严重，他们可能会因为无法承受而出现焦虑，从而适得其反，使得问题更严重。说的方法可以是让孩子复述复杂的解释内容。这难不倒作为口语专家的纳森，即使他可能不理解其中的意义。在这方面，就像其他人一样，很重要的是，这个年龄的孩子的心智就跟他的身体一样柔软、脆弱和不成熟。

利用电视来照顾孩子，好吗?

电视是另一个相当不同却颇有相关性的主题。如果我们相信报纸所做的研究，那么两三岁的幼儿似乎花了相当多的时间待在电视机前。很多家长对这个问题是相当关切的，觉得应该在这方面找出明智又合适的解决方法。2岁幼儿能够从电视节目中获得什么?

或许可以想一想很多孩子看电视时的模样。他们常常咯咯笑，把大拇指放在嘴巴里，眼睛紧盯着电视屏幕。当电视突然被关掉，他们会有点惊讶，就好像把黏在一起的东西硬生生地拆开了。我想我们都会认为孩子的脑袋瓜并没有获得什么实质的帮助，他们只不过找到了一个填满空隙的方式。或者有人会说，那又有什么关系呢？的确，如果时间不长，不会对孩子造成什么伤害。我们偶尔都会利用电视来照顾孩子，只要他们看电视就不会吵闹。这是用来填补玩乐和睡前时间空当的合理方法。

如果我们把这种被动的看电视的行为和孩子有兴趣积极采取的行为做个比较，结果是相当值得深思的。大人陪着孩子看电视，这样的方式跟陪着孩子看书是相当接近的。我们都会看电视，但如何筛选、收看你真正想要看的节目？眼睛黏着电视屏幕的行为已经接近上瘾，孩子有时会无法自拔。现在有很多适合孩子观赏的 DVD 或点播节目，这样比较像可以选择自己想要看的书一样来观赏节目，或许可以戒掉洁西卡的父亲所形容的情况："他们连用威尔士腔调播报的新闻都看！"（我要补充一点，他们家是不说威尔士语的。）

贴心小叮咛

看 DVD 比看电视好一些，因为我们可以挑选好的影片且可以控制时间。

还有一个令人担心的现象，父母不是担心孩子坐在电视机前什么都没有学到，而是担心他们吸收了错误的讯息。在这里，我说的不是完全不适合孩子观赏的节目，像是涉及色情或暴力的节目，我们相当清楚这些对孩子一点好处都没有。但是除此之外，还有一些节目适合较大的孩子观赏，但对幼儿来说不适合。如果大人随时留意孩子观赏的节目，这会是相当值得注意的领域。

这听起来好像有点落伍，但的确有所谓的兴奋过头的现象。孩子可能会因为受到电视节目的过多刺激而兴奋过头。山姆和邻居家的孩子一起看 DVD 看到着迷，一直问什么时候可以再看一次，连在夜里醒来都还在想这件事。从这个例子可以看出，这对

> **贴心小叮咛**
>
> 在每个成长阶段中，孩子都应该从事适合他们年龄的活动，这是相当重要的。

他幼小的心灵来说实在是太强烈的刺激。在每个成长阶段，孩子应该从事适合他们年龄的活动，这是相当重要的。

做个称职的大人

最后，当我们想到2岁幼儿正在发展的人格时，可以回想一下他们生活中的大人所扮演的重要角色，想一想周围的亲属：爷爷奶奶、姥姥姥爷、叔叔舅舅、姑姑姨妈、堂/表兄弟姐妹等，他们都会给孩子的成长带来好处，整体来说和保姆或是老师是完全不同的，因为这些成员一直都在，待在某个地方，永远地。正如一位十几岁的少女很无奈地说的："唉，我想我最不喜欢的姨妈大概会黏着我一辈子吧！"

> **贴心小叮咛**
>
> 家庭有时候是一个诅咒，有时候也是一个祝福，大人不要小看自己的重要性。

幼儿必须开始擅用家庭给予的优势。当然，家庭有时候是一个诅咒，有时候也可以是一种祝福。当幼儿向外发展人际关系时，这些亲戚关系的重要性就会被放大，并生机勃勃。举例来说，很多祖父母比当年自己当父母时还要称职，毕竟他们从经验中学习了更多。他们会尽可能提供不同的看法和节奏；而年轻的叔叔、舅舅、姑姑和姨妈也可以是最热心的助手和保姆，幼儿可以和他们发展实际又持久的关系。

第五章

了解孩子的内心世界

“了解你的孩子”是父母一辈子的功课。

孩子的脱序行为的背后常常隐藏着许多的秘密和担忧，但大人毫无所悉，只看见他们不乖、叛逆的那一面，好像他们天生就这么坏。问题到底出在哪里呢？

有时，大人自顾自地沉溺在自己的情绪中，却不知你的情绪和环境的改变也影响了孩子，即使是2岁的小朋友，也是很敏感的。

本章会从各个方面提醒父母如何做一个称职的大人和成为孩子重要的支柱。

父母一辈子的功课

本章简短描述了认真抚养2岁幼儿——尤其是对新手父母来说——是多么复杂又艰辛的工作。第四章曾提到更有经验的祖父母：一位老母亲，虽然一儿一女皆已长大成人且有所成就，但当她回想早期时光时，仍然带着哀愁，她记得当年的自己工作很吃力，又要照顾孩子。她到现在都觉得，如果当时只要照顾孩子就好了，或许会感到快乐些。“我想当年的经验是要训练我当个好奶奶吧？”

这并不是说她没有从孩子的陪伴、成长和不同的个性中感受到快乐，而是说一天24小时地照顾孩子是相当苦的差事。为什么呢？这和一个有趣的因素有关，身为父母的我们会在照顾孩子的过程中联想到自己过去的哪些经验和知识呢？这个问题想来有很多答案，有些人说他们照顾过弟弟妹妹，有些人说十几岁时曾经给幼儿做过保姆，有些人则对这个专业有兴趣，有些人事先已经通过广泛阅读做过一些准备了，有些人则完全没有相关经验。无论答案为何，还有一个因素需要考虑，我们都曾经是2岁的孩童。2岁时的经验仍然深藏在我们内心，有相当大的影响力，就跟12岁和22岁时的经验一样重要。

这样有好有坏，坏处是我们2岁时的焦虑会被唤醒。我们相当清楚幼小、无助的感觉是多么令人难以忍受，因此一直想逃避。好处是，回想起2岁时的焦虑本身就是一个有利因素，这样我们才能了解2岁幼儿的感受。我们可以感同身受，却又要保持大人的立场。但这两股力量之间会相互拉扯，造成紧张，因此令人感到疲累。

此外，身为父母，通常会背负所谓巨大的包袱，子女的童年让我们想起了自己小时候的点点滴滴，而我们却常不自知。几十年前受到无微不至照顾的婴儿，通常也会以同样的方式照顾自己的孩子。当他们进入学步期时，父母自己曾经历过的学步儿的回忆也会不知不觉地出现，并发挥着巨大的影响力。

有时，回忆可以追溯到一个世代以前。黛西和安妮的母亲不了解为什么学步期的姐姐和仍在襁褓中的妹妹之间会有芥蒂。虽然她依稀记得自己的哥哥会嫉妒她，却不像她们那么严重。后来妈妈才发现，原来孩子们的外祖母曾有一个妹妹，这个妹妹和她同龄，在2岁时成了孤儿，被父母收养才突然成为家里的一分子。是不是当年的一些未解决的问题一直遗留了下来？如果一切平顺，应该不会造成问题才对。通常都是因为父母有无法抹灭的忧虑，才需要另做他想。或许思考一下父母儿时的生活，对自己扮演的角色会有相当珍贵的收获。你有什么样的童年，而你父母的童年又如何？

脱序行为的背后隐藏着担忧

家里有小朋友的父母总是有一箩筐的担心，尤其是在第一个孩子诞生时。还好，经验的累积会让父母放心一些，知道什么时候该担心。年幼的孩子不知道如何处理自己的问题、冲突、恐惧或忧虑，照顾他们不只要兼顾生理需求，也要考虑心理需求，我们会和他们一起感受，为他们着想，也会随他们的情绪起伏而有心情波动。

要是问题无法解决该怎么办？贾丝明是一位单亲妈妈，独立抚养儿子乔。乔不但没有越来越独立，反而越发黏着妈妈不放。说这个2岁幼儿退化回婴儿期似乎不太准确，因为他根本还没有脱离婴儿期。乔也似乎打定了主意，不愿意自己睡觉，常常不愿意吃饭，也不愿意学习自己上厕所。其实他已经上托儿所一阵子了，每天早上要和妈妈分开时都很令人头痛。更大的打击则是，托儿所的工作人员把贾丝明请到旁边，告诉她，乔的脾气坏透了，还会攻击其他小朋友。

有一个简单的经验法则：观察孩子生活的各个层面，他是否吃东西？睡得好吗？和其他小朋友相处得好吗？喜欢独处吗？有没有学习新东西？如果只有某些部分不太对劲，可以再观察一阵子看看，或者多宠爱他一点，拍拍背给他安全感。举例来说，家里有新生儿诞生后，西蒙会闹别扭，要求拿着奶瓶喝奶，他的爸妈体谅他，会随他去，不想大惊小怪，有时还会抱抱他，或是让他靠着大人的膝盖喝奶，因为这样总好过看到西蒙情绪低落地拖着奶瓶到处走。这段时间对西蒙来说是相当不好过的。他睡不好，有时没有食欲，但他同时又长大了不少，例如，词汇增加了很多。这种情况属于短暂性困扰，需要对他多些包容。很明显，西蒙是因为家中多了一个新生儿才不适应的，原因相当单纯。但是，贾丝明和乔的情况就不同了。乔在家里也开始出现攻击别人的行为了，如同在托儿所一样。他的坏脾气似乎无法收敛，他到处惹麻烦，问题的根源在哪里呢？这不禁令人思考一切到底是谁的错？要怪谁呢？该如何分配权责呢？倒是可以试着去了解一下这个乍看之下令人不解、不知其意的状况。贾丝明觉得自己实在倒霉透了，得努力单独抚养乔，偏偏乔还这么不好带。她既没有妈妈，也没有姐妹，该向谁求援呢？

贾丝明后来去找了她的家庭医生，他建议卫生所人员或许可以帮上忙。卫生所派来了一位和善又有经验的女士，她发现贾丝明的问题是有抑郁的状况。自从另一半离开她和乔，她就一直郁郁寡欢，心情低落，感到孤单，甚至悲哀，她自己很清楚这不是最近才开始的。乔自然地会对妈妈的感受有很强烈的反应，他想尽办法要让妈妈高兴，但是徒劳无功。他感到

贴心小叮咛

沮丧会转变成愤怒和害怕。

难过、沮丧，吃不下，也睡不好，因此转为愤怒、害怕，一直跟妈妈过不去，不明白妈妈为什么无法做自己，同时又害怕孤单、害怕离开妈妈，因为他被妈妈搅扰得厉害。虽然贾丝明和乔的爸爸之间有问题，乔还是想知道爸爸去哪里了。

贾丝明需要思考的事情很多，她发现过去自己一直不愿意面对这些问题。卫生所的女士安排她去看专业的咨询师，结果相当有成效。贾丝明想得太多了，担心自己要单独做的事太多。恢复了以后，她开始思考和乔的父亲可以维持关系，好让乔可以去看爸爸，她也可以重新和人互动，参加一些活动，知道自己的人生不是黑暗的。

贴心小叮咛

有快乐的妈妈，才有快乐的孩子。

当贾丝明不再抑郁，重新和朋友及其他孩子的妈妈联络，甚至开始考虑要去上班时，乔进步得相当神速。

孩子的行为和环境改变有关系

从乔的情况看，我们可以知道2岁幼儿就像一种仪表（例如量尺或温度计），视家里的天气和温度而做出反应。2岁幼儿刚学到自己是独立个体的概念，因此会比年龄大一点的孩子更容易受到家庭气氛的影响。

贴心小叮咛

孩子是家中的温度计，会马上反映家里的温度；不要以为他们什么都不懂，其实他们很敏感。

露西和马特做了一个改变人生的重大决定。露西有个升迁的机会，如果她愿意接受到远一点的城市工作，收入也会大幅增加。由于当地房子比较便宜，露西和马特觉得接受这个安排再好不过，于是马特辞去了工作，负责家事，照顾儿子奈德。但是他们做决定的时间相当有限，加上改变实在太大，马特的角色有了巨大转换，露西的工作责任加重，工作时间也变长了，还要离开向来会给他们全力支持的父母。

其中，最无法适应的就是奈德，他总是抓着妈妈的脚想要阻止她去上班，然后会尖叫大哭，无法平息。这个状态总是让马特感到烦躁而难以忍受。不久，奈德本来已康复的湿疹复发了，还伴随报复性行为，他在托儿所跌倒，头部撞伤，得到医院包扎，幸好无大碍。后来，露西和马特都常绷着脸，在一起的大多数时间会压低声音吵架，通常都是为奈德的照顾问题而吵，奈德因而变得更加难以照料。

这段时间对三人来说都不好受，直到露西的表姐到他们家里来住，他们才有机会讨论分工问题，而不是永无止境地脸红脖子粗地争执奈德的问题。露西和马特后来发现，他们当初没有考虑到一些问题，那就是马特有办法整天待在家里吗？露西真的想要过早上7点出门、晚上8点才回家的生活吗?或许等马特把家里整修完以后,双方可以做出某些妥协。

这个例子让我们以为问题出在奈德身上,但这一切其实是一个家庭对巨大改变无法适应而衍生出来的困扰。一般来说,2岁幼儿相当敏感,能实时反映家庭状况。

爸爸妈妈,我有烦恼

如果以为学步儿内心不会有任何难题,就大错特错了。还记得本吗?他想把妹妹露比踢下沙发,显然那是他内心的嫉妒和羡慕在作祟。他和欺负纳森的丹尼一样,有一天可能也会因为不同的原因而遭人欺负。本趁妈妈不在房间时,意图攻击妹妹,但是当妈妈进来时,本又面带微笑,让妈妈以为他对妹妹真的很好。同样地,丹尼的父母对他的指责使他想偷偷地攻击纳森。但这两位小男生的父母大概都没有洁西卡的妈妈那么震惊,因为洁西卡当着妈妈的面攻击了那个用她沙桶的孩子。洁西卡的母亲虽然还是很不舒服,但还能忍受洁西卡有时稍微不乖的行径。最后她只能从哲学的角度来看待整件事,她告诉自己"毕竟孩子也是人"。

本带有敌意的嫉妒心遭人忽略或淡化,好像那不是本的一部分似的。丹尼对纳森的攻击被大人解释为顽皮和不乖,而不是需要去了解的行为。他的父母没有看出来这和顽皮是不同的，孩子是在有选择性地运用不同的方式来表达自己的想法。丹尼心中所遇到的问题不只是调皮而已，更是一种内在的驱动，自己无法停止攻击纳森。他所需要的是协助，或许是大人在旁监督，不再让他和纳森单独相处，同时以体谅的态度让丹尼知道，家中有变动时，心中难免会有不安。

贴心小叮咛

爸爸妈妈要听得懂孩子的求救，学习看见他们行为背后的真正原因，并且给予适当的协助。

大人是孩子的支柱

面对复杂的家庭状况时，许多幼儿都需要一套生存之道。举例来说，父亲或母亲如果再婚，孩子也就成了新家庭的新成员，面对继父或继母的子女，他们该怎么办？如果学步儿的父亲或母亲是同性恋，“我从哪里来？”“我的亲生父母是谁？”等问题对他来说会不会很深奥？有很多学步儿的父母就像乔的爸妈一样分开了，或是亲生父母又分别再婚了，或来自单亲家庭。

面对这些状况，哪些事是需要担忧的？当家庭面对新的状况或不同组合时，有哪些建设性的建议可以帮助他们？值得注意的是，2岁幼儿正在建构未来的自我定位，这是一个复杂的过程。他们所看到的、所学到的、所做的和所听到的一切都会对他们产生很大的影响。人们常常会过度苛求幼儿，希望他们在某种状况下要有某种表现。有时候，由于社会、父母或是别人的关系，幼儿常会被要求有某种表现。或许吧。但其实很多时候，这些情况根本不存在。或许，如果假设父母的影响力很有限，反而会让人松一口气，因为其他家人、事件、人物或是机构也会对幼儿的生活产生影响，更不用说幼儿自己的独特个性所扮演的重要角色了。

人类的点子超多，适应力又超强。我们要知道，无论在何种状况下，幼儿都很脆弱，需要依赖大人。他们永远不可能当大人的助手，一个可以独立自主的助手。当然他们可以帮忙，但是帮的最大的忙就是做他们自己。活力无穷、正在发展的2岁幼儿是家庭的希望，希望诸事顺利如意，最好是一年比一年好。

贴心小叮咛

父母需要时常提醒自己，是否会因为自己的比较心和在意别人的想法，而过度苛求孩子。

2岁幼儿发展差异很大，别担心

幼儿在第三年的发展相当惊人，2岁多的幼儿在各方面的发展上已有相当大的差异。有些孩子在体能方面特别好，能跑、能爬，对球赛表现出浓厚的兴趣。有些孩子的动作技巧特别好，已经能专心堆积木或是玩其他需要把东西组合起来的游戏了。有些孩子吃东西时能够保持干净整齐；有些孩子无论是白天还是晚上都能够保持干净的仪容。有些孩子已经能够使用相当完整的句子进行复杂的对话了。

贴心小叮咛

2岁幼儿发展的小指标包括：会走、能跑、能爬、堆积木、能组合东西、自己吃东西、上厕所、独自睡觉、保持仪容整齐干净、对话，等等。但每个幼儿的发展速度都不一样，别相互比较。

另一方面，有些幼儿对自己的手脚似乎仍没有很大的信心，也不太积极，他们无法爬上爬下，或是把球踢高；有些幼儿对积木或是组合性玩具没有多大的兴趣；有些幼儿则对于自己吃饭不是很积极，也非常抗拒使用尿壶；还有的幼儿几乎不太会说话，但是非口语沟通技巧可能相当优秀。

一旦满3岁，幼儿的差异就不再那么大了。3岁幼儿通常都

贴心小叮咛

别人家的宝宝什么都会，我家的学步儿什么都不会，该怎么办？请静心等待，到了3岁，差距就会缩小了。

能够独立走路、说话、完成如厕训练，慢慢可以调整那些不一致的方面。3岁的孩子对自我的概念更加清楚，也更想要和其他小朋友玩耍，并且把这些小朋友视为独立的个体。这是一个漫长的过程，同时也只是一个开端。进入第三年以后，也就是刚满2岁的幼儿仍然需要黏着大人，在团体中，无论是在托儿所还是在其他社交场合，2岁幼儿仍需要大人的照顾，他们和同年龄幼儿相处的能力会渐渐增强。当他们满3岁时，就可能有属于自己的朋友圈了，一下子就能学习互相合作了，能和小朋友一起玩耍，一起玩游戏，但这个过程还需要训练，因为他们正从幼儿阶段进入儿童阶段。当他们四五岁开始上学时，就能够发展独立的人际关系了。这种能力需要孩子渐渐认知其他人是独立的个体，也有自己的感受、愿望、喜恶，他们对幼儿来说不只是一种存在，也有自己的权利。

父母永远甩不掉自己的内在小孩。我们内心的某个部分相信奇迹，对善与恶有自己的标准，这个内在小孩永远会将父母当作伟大的妈妈和爸爸，而非对我们没有特殊影响力的一般人。而这就是我们个性的一部分，它们有可能被深深地埋藏在内心深处，也有可能相当活跃；它们让我们发现自己也需要以一种奇迹的方式被照顾，所有的需求要得到满足，所有的问题都能够得到解决，所有的恐惧都会消失无踪。2岁幼儿的世界就像人类的世界一样，并非如他们期待的会有奇迹出现，也不会有魔法，而他们得慢慢地去发现这个事实。

在某方面，当我们知道自己并不全然可以掌控一切时，会有一点失望。2岁幼儿会想将“自己掌握着主导权”的念头复制到外在世界中。通常，不去同意他们如此强烈的信念是很困难的，大人常会臣服在幼儿的要求下，比如他们可以不去睡觉，可以不吃他们不想吃的东西，可以不让爸妈有独处的时间。相反的感受也常来自于此：大人相信一味地满足孩子一时兴起的要求是很危险的。但要坚持立场相当不容易，因为我们照顾的是非常稚幼的孩子，帮助他们了解现实是相当困难的。但或许这又是父母唯一的救赎。知道自己既不是宇宙的主宰，也不是卑微的小虫，这是一辈子的功课。2岁幼儿在这一年学习到了自己在生活上真正可以做到的事，同时也知道了哪些因素限制了他们和周遭的环境。这个过程将会继续下去，为日后的性格奠定基础。